直販・通販で稼ぐ！
年商1億円農家

お客様と直接つながる最強の農業経営

寺坂農園株式会社
代表取締役
寺坂 祐一 著
Terasaka Yuichi

同文舘出版

はじめに

「人生終わったな……。俺は、このまま一生貧乏なのか……」

家業である農業の跡を継いで2年がたった、1992年の冬。

当時20歳だった私は、営農口座の残高を見つめながら、仕事と人生に絶望していました。

農業がいかに儲からない職業であるかを、身をもって体験し、打ちのめされたのです。

生まれたときから農家の跡継ぎとして育てられ、何も疑うことなく、何も知らずに農家の跡を継いだのですが、実は、当時20軒ほどあった農家の中でも最低ランクの経営状態だったのです。

当時の売上は約600万円。借金は1400万円もあって、償還金を引かれたら口座は赤字。まったく生活が成り立たない。

だからうちは兼業農家でした。よく働く父は稼ぎのいいサラリーマンで、その収入で家族は生計を立てていました。そう、私は祖父、祖母、母の3人で細々と営農していた、いわゆる〝三チャン農家〟を継いだのです。

20代前半は悩みに悩み、苦しみました。当時は純粋に生産するだけの農家で、米、人参、アスパラガス、豆類を栽培。どんなにがんばっても儲からない。天候に左右される収穫量。この頃は全量農協出荷で変動相場の委託販売でしたが、なかなか高値相場はやってきません。野菜が高値のときは自分のところも不作。やっぱり儲かりません。

さらには積極的に農業をやろうとすればするほど、機械やビニールハウスへの出費がかさみ、投資資金（もちろん借金）の回収は先の先。どう考えても、ちっちゃな農家が儲かる……どころか、生活できる未来図を描けません。これはつらかった。不安で不安で、病院で処方してもらった眠剤を飲まないと眠れない日々が続きました。

それから20年が経過し、42歳になった今。メロン生産を中心とした産直農家として実績を伸ばし、年商は1億円を超えました。家族経営の農家から農業法人となり、会社組織にもなりました。年収は農家所得で考えると1０００万円を超えます。

生活費の低い地方・田舎で年収が1０００万円あれば、何も困ることはありません。十分、幸せに豊かに生きることができるのです。

そんな私の農業人生を劇的に好転させた、そのきっかけが、直売所をはじめたことと、ダイレクト・マーケティングという販売手法との出会いでした。

ダイレクト・マーケティングとの出会いはこんなものでした。

26歳で結婚したのを機に、直販をはじめることを決意。まずは国道沿いにあった、使われていない農家の納屋を借りて改造し、メロン直売所をオープンさせました。同時に、メロンを買ってくれたお客様にダイレクトメールを郵送して通販もはじめます。自分で価格をつけて、自分で売る。少しずつではありますが、直販部門の売上が伸びていったのが、とてもうれしかった。

そして31歳、2004年に書店で手に取ったビジネス書に書かれていた本を読んで、ダイレクト・マーケティングという販売手法に出会い、徹底的に研究し、実践しました。ここから一気に売上が伸びます。この頃2000万円に達していた売上が、毎年ぐーんと伸びて〝たった8年〟で年商1億円を超えたのです。農業という、自然サイクルに合わせてしか生産できない業界で、この成長スピードはすごいはずです。

この本では、産直農家として、しかも主要都市から車で3時間もかかる地方・田舎という不利な立地条件下で、どうやって年商1億円を突破したのか？　をわかりやすく丁寧に解説していきます。
「1・3・5の壁」とよく言われますが、売上が1000万の壁、3000万の壁、5000万、1億の壁は、たしかにありました。その農業現場での実体験、たくさんの失敗や経験もお伝えしていきます。生産現場から、組織作り、マネジメント、直売所運営、直接販売の手法とノウハウなど……農家の直販戦略・戦術を中心に、すぐ使える本になっているはずです。

ところで、あなたはどんな気持ちでこの本を手に取ったのでしょうか？
すでに農業を営んでいて、現状を打破したい人、野菜・果物など農産物の直販をはじめたい人、もしくはもっと直販比率を高めたい人、農業に関わりを持つ仕事の人や、これから農業をはじめたい人でしょうか。そんなあなたに、「なるほど！　こうやってやればいいんだ！」と、ヒントとなるよう〝使える農業書〟をめざして書きました。

多くの農業者・農業関係者と話していると、今の農業をとりまく環境の変化に対して不安を訴えています。私も20代前半、先が見えない中での農業経営は本当につらかったので、その不安な気持ちはわかります。

私はそんな方に、少しでもいいから夢と希望を持って農業をしてほしい、と願っています。

農家自身が多くのお客様と直接つながり、喜びや感動を提供し、感謝されて売上があがる。大変さもある分、やりがいがある。そしてしっかりと儲ける。

そんな、お客様一人ひとりとつながる直販農家としての農業への取り組みを、これからあなたにお伝えしていきます。

■寺坂農園の歩み

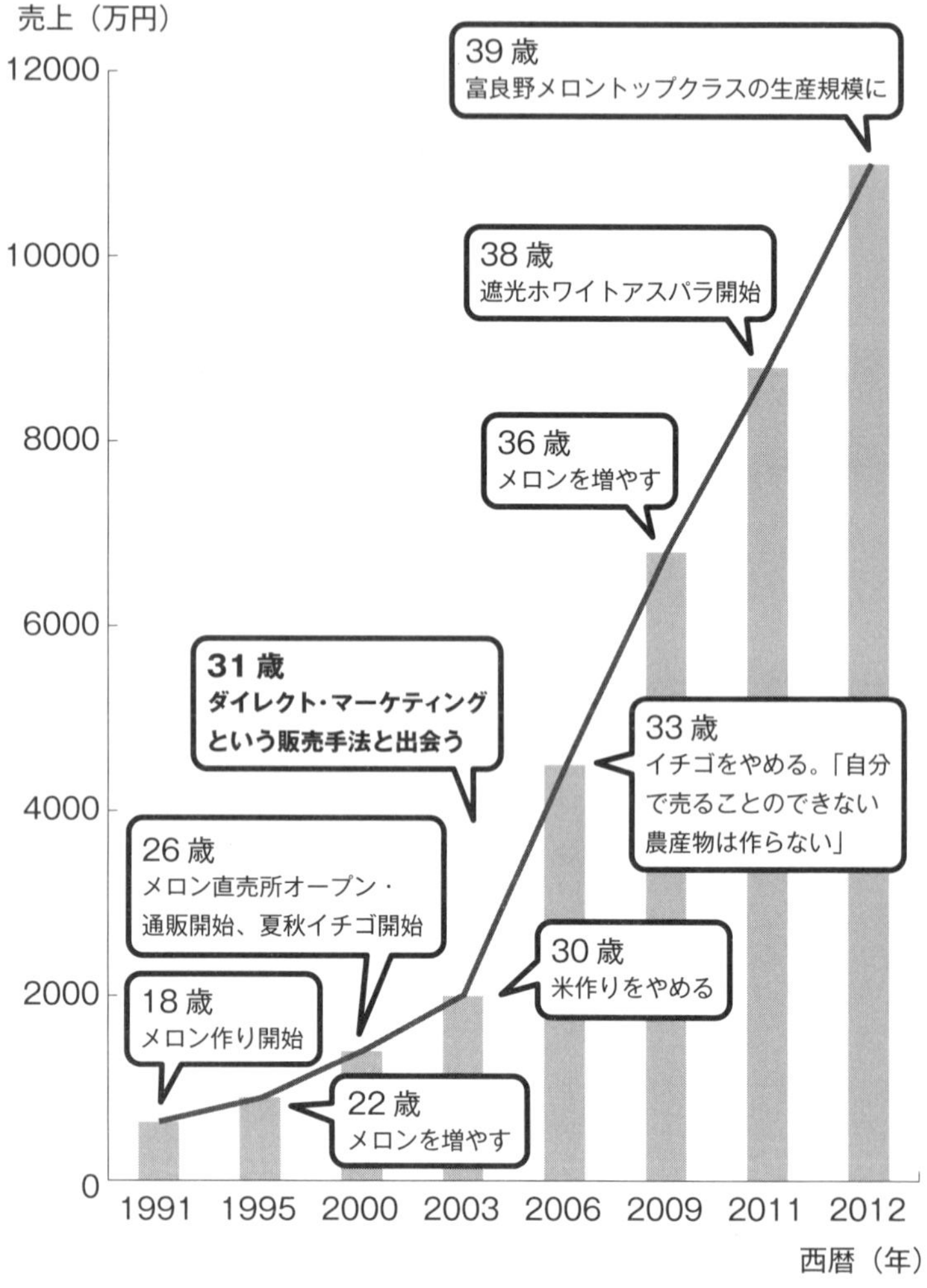

売上（万円）
12000
10000
8000
6000
4000
2000
0
1991
1995
2000
2003
2006
2009
2011
2012
西暦（年）
18歳 メロン作り開始
22歳 メロンを増やす
26歳 メロン直売所オープン・通販開始、夏秋イチゴ開始
30歳 米作りをやめる
31歳 ダイレクト・マーケティングという販売手法と出会う
33歳 イチゴをやめる。「自分で売ることのできない農産物は作らない」
36歳 メロンを増やす
38歳 遮光ホワイトアスパラ開始
39歳 富良野メロントップクラスの生産規模に

CONTENTS

2章

直売所をはじめてお客様に直販するとき大切な4つのポイント

3章

最強の農業経営「農業＋直接販売」モデル

4章 お客様との関係性を深め、ファンが増え続ける農家になる

5章

生産から収穫、発送まで「どうやったらできるか?」を考え抜く

6章

社員・スタッフがいきいきと活躍する農園作り

カバーデザイン　村上顕一
本文デザイン・DTP　明昌堂

1章

小さな農家が“直販の道”を選んだ理由

「マジメにコツコツと努力すれば、成功できる」と信じていたのに……

「トウモロコシ1本が5円。ごっ、5円？　どういうことなんだ⁉」

農家を継いで2年目の20歳の夏。トウモロコシを出荷した市場から郵送で届いた封筒。そう、精算書です。農家はこれを開封して確認する瞬間、ドキドキします。いくらの値がついて、売上額がいくら入金されるのか？　作物を育て、収穫・出荷した努力が結果になる瞬間です。

おそるおそる封筒を開け、中に入っていた生産伝票を見て、私は絶句しました。1本5円……。通常、もちろん出荷時期にもよりますが、その頃の相場は1本150円前後。早出しビニールハウス栽培ものでコストも手間もかかっています。ビニールハウス1棟の売上が20万円くらいになるかな？　と予想していたのが、撃沈。5日間出荷したうち、最初の3日間は1本150円の値がついていたものの、後半2日間は5円だったのです。

市場で行なわれる、競りによる価格決定。学校で学んだとおり、需要と供給のバランスで価格が決まる仕組みです。ですが……。

もちろん、納得いくはずがありません。市場に電話して、どういうことなのか、事情を聞きました。

「あぁ～、ごめんね～。いやぁ、後半ちょっと実の入りが悪かったんで、安くなったんだわ。量も出てきたしね」

当時農業を継いだばかりの私は、たしかに選別が甘い部分があったと思います。しかし、1日違うだけで150円だった価格があっという間に1本5円。それは納得いかない……けれど、もうどうにもならない。そういう価格決定の仕組みなのだ。ケンカする勇気もない。

こんな不安な価格決定システムがずーっと続くのか……。疑問に思いながらも、その怖さと不安に、心から震えました。若き農業後継者だった私は、厳しい農業の洗礼を受けてしまったのです。これは効きました。

それ以外にも、私が跡を継いでからメロン栽培をはじめ、生産量を伸ばしてきたのですが、1998年頃からデフレ経済が深刻化して価格が低下。さらに収穫時期に入って好天が続き、出荷が北海道中で一気に進むとメロンが市場でだぶつく。規格にもよりますが、1玉1・8kgもある大きなメロンが5玉入って、出荷経費を引かれて1箱1800円の手取り。1玉あたり360円です。こんな相場になってしまうと、とてもじゃないけれど再生産どころか、生活もできません。

マジメな私は「それならば！」とメロンを夏に収穫した後、ビニールハウスの中を急いで片づけてほうれん草を育て、晩秋に出荷しまくりました。農家の先輩に「何でそんなにがんばるのよ」と言われるくらいがんばりました。が、出荷調整に手間がかかる割には、ほうれん草は市場相場で1束70円で安値安定、高値はまずこないですね。

メロンの収穫が終わっても休まず、居眠りしながらほうれん草を束ね、雪が降るまで家族3人ですごくがんばったなー！　っていうくらい働いても、3ヶ月間の売上は合計70万円。経費を引いたら……うーん、考えたくもありません。

もちろん、高値相場の恩恵を受けたこともあります。高値に当たるとすんごくうれしい、これがまた麻薬的な快感なんですね。ですが、デフレが進むと、高値がくることもなくなってきました。

「こんな苦しい状況を抜け出したい！」ということで考えた道は2つ。

農地を購入して耕地面積を増やす規模拡大路線。国が推奨し、各種補助金の支援も受けられる道で、広大な農地が広がる北海道農業ではこの形態が一般的です。

しかし、もともと小規模な農家だったうちが意欲的に規模拡大を進めれば進めるほど、大型トラクターの導入や土地の購入など投資が先行するので、私の脳内シミュレーションでは、じわりじわりと借金が増え続けるケースになりそうでした。跡を継いだときに多額の借金があり、とても苦しんだつらい思い出がよみがえります。

もうひとつの道は、メロン直売所をはじめることでした。耕地面積を集約し、付加価値の高い果物であるメロン栽培に注力してそれを直販し、売上を上げていく道です。この道を選ぶ農家はきわめて少ない。販売に手間をとられて農作業の時間がとれず、畑を雑草だらけにして経営が悪化するケースもあります。

「失敗したら一生貧乏決定。しかしここは勝負だ」

どちらの道が正解かはわかりませんが、私はメロン直販の道を選択し、覚悟を決めました。

みんなが右を行くなら私は左に行く。人の行く裏に道あり、花の山。

あまのじゃくな私の性格が出たのか、困難な道のほうがおもしろそうに思えました。

そうは言っても、商売をやったことがないので不安だらけです。本当にお客様が来て、自分で育てたメロンが、自分で決めた価格で売れるのか？　農作業と出荷作業だけでいっぱいいっぱいなのに、直売所まで運営できるのか？　とても不安でした。

最初のお客さんが来て、メロンが売れたときのことは今でも鮮明に覚えています。とても、とてもうれしかったです。それはそれは感動しました。

市場に出すと手取りがひと玉400円にしかならないメロンが、自分で売ると2000円で売れる。しかもお客さんが目の前で「おいしい！」と喜んでくれる。帰り際には「ありがとう、また買いに来るね」と言ってくれる。自分たちの努力が報われる感覚……もうやめられません。完全に直売の魅力にとりつかれました。

それから5年連続で、地道にではありますがお客様は徐々に増え、1年ごとに100万円ずつ売上が伸びていきました。年商も2000万円まで伸びて、パートさんを5名ほど雇えるようになり、ようやく経営できる見通しが立ちました。農家生活を続けていくことに希望の光が差してきたのです。

ですが仕事量は半端でなく、過酷でした。

特に夏。朝は4時からメロンの収穫をはじめ、8時にはメロンを箱詰めし、直売所の店長を任せていた妻の車にメロンを積んで送り出します。出荷作業もあれば、稲作の畦草刈り、畑の草取り、メロンの手入れ作業、電話での注文・問い合わせ対応など……、ふらふらになるまで働き続け、ついには朝、トイレに行くと、本当に赤いションベンが出てびっくりしました。

今振り返っても、「ほんとよく働いたなぁ～」と思います。誰にも負けないくらい働きました。

そんな農業を続けて迎えた2003年、31歳の夏。もう、ふらふらの状態でコンビニに入ると、衝撃的なタイトルが光る、1冊の本を目にしました。

その名も『成功ノート』。金文字、箔押しの表紙で副題には「非常識に儲ける人々」と書いてあります。「まっさかぁ～」と思いながら手に取り、直売という自分の商売の何かの参考になればと、半信半疑で購入したのでした。

さっそく読んでみると、衝撃的なことばかりが書かれている!! すごく疲れているのに、明日もメロンの収穫作業で朝が早いのに、夜中まで一気に読みふけりました。

この本で知ったのは、次のことです。

世の中には仕組みがある。
マーケティングとセールスという売り方がある。
マジメにコツコツと努力しても成功しない。

私の頭の中にがっちりと構築されていた「マジメにコツコツと努力をしていれば、なんとかなる」という信念が、ガラガラーッと崩れました。頭の中で崩れる音が本当に聞こえました。

この本との出会いをきっかけに、私はダイレクト・マーケティングという直販手法、BtoC、生産者からお客様へ直接販売するマーケティングがあることを知り、そのおもしろさ、魅力に取りつかれたのです。

「農業という産業に、ダイレクト・マーケティングという直販技術を組み合わせたら、きっとおもしろいことになる！」

ワクワクしました。関連するビジネス書を読みあさり、勉強と実践を繰り返しました。たくさんの失敗を重ね、つらい思いもたくさんしましたが、毎年どんどんお客様の数が増えて、しかもつながりが深まり、売上が急激な勢いで伸びました。

結果、ダイレクト・マーケティングと出会ってたった8年で、農業でありながら年商1

億円を超えるまでになったのです。

決断。自分で売ることのできない農産物は作らない

結婚を機にメロン直売所をはじめた1999年は、4・6ヘクタールの農地で米、メロン、人参を生産する複合経営でした。その後、メロンの価格が下がりはじめたのは先に説明したとおりですが、それだけにとどまらず、4年に一度くらいあった人参の高値は、人参栽培の機械化が進んだ影響か、安値安定に。そして、政府が保護（?）してくれていた米の価格も下がりはじめたのです。

これではメロンの直売部分の売上をいくら伸ばしても、相殺されてしまいます。

そこで当時、新規作物だった加工用四季成りイチゴを仲間の農家とはじめました。これはBtoB取引、商社相手の販売です。メロンの収穫が終わる8月下旬からイチゴの収穫がはじまり、11月まで出荷するスタイル。都府県産イチゴの端境期を狙い、北海道の涼し

い夏の気候を活かして生産・出荷していく戦略的取り組みを狙いました。

これは農協さんや市場出荷ではなく、ある商社と手を組みました。やり手の商社営業マンとともに、生産グループ作りと四季成りイチゴの栽培技術の確立に努力し続けました。

しかし、なかなかうまくいきません。

ほとんどの農産物が低価格で安定しているなか、新規作物である四季成りイチゴに注目が集まって全道各地で産地形成が進み、あっという間に供給量が増え、マーケットは飽和。一気に価格が下がりました。商社も価格競争に巻き込まれないように販売努力をしますが、小さな小さな生産グループではイチゴの品質・量・価格で勝つことができませんでした。7年間、イチゴ生産に情熱を注ぎましたが、負けです。いさぎよく撤退するしかありませんでした。

競争となると、やはり大きいところが強い。やっぱり農協組織は強いです。生産組織作りから集荷・販売まで、国内に食糧を供給するインフラとしての機能を果たす、重要な組織なんだと感じました。

当たり前の話ですが、商社は儲からなければすぐに撤退です。ビジネスの最前線、というより、社会の厳しさを痛感しました。

もうひとつの学びは、加工用原料の生産・販売だと、原料なだけに安さを求められるので売上が上がりづらいということです。イチゴ加工品を作る工場では、製造原価を下げることが常に課題ですから、加工原料用の農産物は高単価になりづらく、安さと量の安定を求められる、ということも学びました。

小さな生産グループだったので、小回りがきいて柔軟性はあったのですが、若い私はその特性を活かして成長コースに乗せることができず、加工用四季成りイチゴの生産・販売からは撤退となりました。

しかし、商社との取引からは学ぶことがたくさんあって貴重な体験でした。挑戦してよかったです。

稲作もやめました。当時、米はこの地域を形成する一番大切な作物でした。みんな誇りを持って生産しています。さらに稲作の作業は、防除・稲刈りなど地域で集団営農をしているので、これをやめるとなると地域の方からの批判にさらされるのですが、悩みに悩んだ末、勇気を持って稲作をやめました。当時、米を自分で売ることは〝闇米〟とか〝横流し〟とネガティブなイメージがあり、自分で売る自信もありませんでした。

メロンの生産、直売だけが順調に伸びていました。そこで、決断するのはすごく怖かったのですが、自分が進む農業の姿を決めました。

自分で売ることができない農産物は作らない。

そう覚悟を決めました。

農業がなぜ儲からないのか？　いろんな理由があります。市場で決まる不安定な相場であることや、天候リスクを全部農家が負わなければならないこと、自然サイクル（1年に1回しか生産できない）に合わせてしか生産できない、などいろいろあります。でも、今の日本の農業は、そうしたルールや条件の下でやるしかない、仕方のないことなのです。

そうは言っても、儲からないのをわかっていながら農業を続けることは、私にはできませんでした。

当時、新聞の記事で「北海道の農家の平均時給は200円」と書かれていたのが衝撃でした。しかし、なるほど腑に落ちる納得の数字でした。

冬の期間をのぞいて春〜秋まで家族3人で休まず働いても、サラリーマン1人の年収に及ばないのです。当時の決算を見て、農家所得を家族の労働時間で割ると、似たような数字になります。そんな農業を続けるのがイヤだったんです。

誇りを持って農業をしたい。自分らしい農業をしたい。

その思いを捨てられず、農協さんや市場への委託販売、企業相手のＢｔｏＢ取引はやらない、自分で生産したものはすべて自分で売る農業をめざすことを決意しました。

もし、直販に特化した経営が失敗したときは、家業である農業を辞める覚悟で、メロンの直販を勉強し、徹底して取り組んでいきました。

なぜその野菜・果物を作るの？　なぜ売っているの？

農業者としての最高の幸せって、何でしょうか？

もちろん、安定して売上を上げて収入を確保し、家族みんなが安心して過ごせるというのが理想です。私もそうです。ずーっとその状況をめざしてきました。

それが直販をするようになって、しかもマーケティングを勉強して売上が伸びていくにしたがって、私の考えは変わりました。

自分が育てたメロンをお客様に食べてもらって、「おいしい！」と言ってもらえたとき。

喜んでいる笑顔を見ることができたとき。

「おいしかった」という感想のはがきが届いて読んだとき。

「農業をやっていてよかった」と、とても幸せな気分になれるんです。農産物の生産は難しく、苦労が多いです。だからこそ、食べた人からのポジティブなフィードバックがあると、私の脳内からはドーパミンが大量放出！　これはもう快感です。

委託販売や卸売りではなかなか味わえない、農業者としての喜び。「イマイチだった」などのクレームも来て思いっきり凹むこともあるのですが、それを補って余りある充足感、人の役に立っている感覚が得られるのは、幸せな職業人生です。

農産物を絞り込み、強みを伸ばす――小さな農家が、小さいまま強くなる戦略

「何を作ったら儲かるんだろう……」

私たち農家がいつも考えていることです。私も農業を継いだときから、ずーっと考えていました。

「稲作を中心にしたら売上は安定するけど、利益は少ない。転作作物の麦や大豆だと転作奨励金が出るけど、収穫物の売上は低い。トウモロコシは手間がかからないけど、収穫時期がメロンとぶつかるからムリかな……」

うんうん唸りながら、1年の生産計画を立てます。20代前半の時期は、この〝計画を立てた段階〟で儲からないことが判明していたわけですから、本当にきつかったです。

商売に関してわけもわからず直売所をはじめた頃、あるビジネス書を読んで「これだ！」と感銘を受けました。それが「ランチェスター戦略」との出会いです。

ランチェスター戦略とは、戦争で勝つための戦略を販売競争に適用し、「どうやって競争に勝つか？」を統計や数学的に解明したものです。

専門書がたくさん出ているので、詳細はそちらにおまかせしますが、ランチェスター戦略では「強者の戦略」と「弱者の戦略」という2つの法則があります。

強者の戦略は資本がある、強く大きな企業がとる戦略で、シャワーのようにテレビCM

を流して大量に商品を売るような戦略です。

一方、弱者の戦略は、人・モノ・金が限られている中小零細企業に合った戦略で、差別化、一点集中、エリア限定、ニッチを狙う、絞り込み……など、ゲリラ戦のような販売戦略になってきます。

「この弱者の戦略は、直販する農家にぴったりだ！」

興奮しました。ランチェスター戦略との出会いから、「小さくても勝てる」おもしろさにハマり、販売方法、経営判断は〝弱者の戦略〟をとってきました。

まず、直販比率が伸びてくるにしたがって「**絞り込み**」を進めました。最初に稲作をやめて、つぎにイチゴをやめてメロン栽培と直販に人と投資を集中。メロンの売上がどんどん伸びていき、やめた作物の分を十分に埋め合わせ、それ以上に全体の売上が伸びていきました。さらには補助金だよりだった大豆栽培もやめて、なんと！　農地も売りました。

「おまえのようなやる気のある若手が農地を売って、どーするんだ！」

役場の農業委員会で怒られました。

当時持っていた農地は5・6ヘクタールで、地域の平均的な規模でしたが、通いの畑2ヘクタールを手放して農地を集約。浮いた資金や人を、さらにメロンへ集中投下していきました。

これにより、生産面で多くのメリットがありました。

多くの農産物を手がけていると、覚えるべきことが多く、習得するまで時間がかかってしまいますが、ひとつの作物に絞り込むことによって、いろんな面で効率化が進みます。

寺坂農園では、メロンの種まきを10日ずつずらして、14回に分けて育てています。管理作業と収穫が重ならないように、収穫・販売期間を調整した作付け計画を立てた上で生産しています。

毎年、新人スタッフがメロン畑に入りますが、畑の準備・種まき・接ぎ木・整枝・片付けなど一連の作業を14回繰り返すことになるので、新人スタッフの仕事の覚えと戦力化が早まるのです。

メロン栽培技術の向上も早くなります。そればかりやっているのだから当然ですが、他の作物に期待、と言うか逃げることができないので、メロン栽培に命をかけるぐらい真剣になります。毎年変わる天候条件、畑のクセ、病害虫防除のノウハウなど、たくさんの量を14回に分けて栽培しているので、ＰＤＣＡサイクルが高速回転。失敗経験が多い分、メロン作りが上手になっていきました。

販売面でのメリットは、メロンに絞り込んで「メロン農家の直販」というニッチ分野を狙い、そこで一番をめざしたことで、知名度が上がったことです。

「富良野メロンを直売してる農家だったら、寺坂農園だよね」と言われるようなったら、〝尖った〟農家になった証。弱者のナンバー1戦略の成功です。15年続けてきて、「メロンの寺坂農園」という認知度が広がってきた手応えを感じるようになると、口コミ紹介が広がりやすくなり、販売も楽になってきます。

ホームページやブログなどを使っての情報発信も、メロンに関する投稿が必然的に多くなるので、検索で上位表示されやすくなりました。

残念ながら、「絞り込み」によるデメリットもあります。

農業の生産現場で大切な〝輪作〟がききません。輪作の反対は連作。連作とは「同じ畑に毎年同じ作物を植え続けること」で、病害虫が発生しやすくなったり、収穫量が落ちていきます。それを防ぐために、作物を植える畑をローテーションし、収穫量の低下を回避する技術が輪作です。

メロンはビニールハウスを建てての施設栽培ですから、毎年ビニールハウスを移動し、畑を回してメロンを育てるのは現実的ではありません。必然的に連作となり、メロンの生育は悪くなっていく傾向があります（これへの対処方法は5章で書きました）。ですが、理想は輪作で畑を維持管理する体系です。今、当農園での経営課題となっています。

もうひとつのデメリットは、天候などの影響でメロンの品質が落ちた場合、経営に直接大きなダメージを受けることです。他の作物にリスクを分散することができないので、メロンがダメだったらその年の経営が一気に苦しくなります。２０１３年、北海道の春は低温続きでメロンの生育が遅れ、小玉になってしまいました。7月のお中元需要に間に合わず、しかも収穫量が落ちたので売上が大幅に落ちてしまったのです。お届けできないお客様もたくさん発生してしまい、電話で謝りっぱなしでした。これはつらかった……。

メリット、デメリット両方ありますが、寺坂農園が選んだランチェスター戦略の〝弱者の戦略〟は、人・モノ・金が限られている小さな農家が窮余の末に選択した、ひとつの事業に集中する一点突破の戦法です。

ニッチ分野で強くなる、しっかりと〝尖る〟ことで認知され、お客様に選ばれる（生き残る）農家をめざし続けた結果、多くのお客様に喜ばれながら利益の出せる直販農家になりました。

お客様と直接つながる農業は、変化に強い

直販農家は、不景気にもデフレ経済にも強い。

直販をはじめて15年経ちましたが、その中で、影響を受けた変化がたびたびありました。

直売所と通販を開始した1999年は不景気の絶頂期。〝失われた10年〟と言われていた中でのスタートでした。メロンの市場価格も下がっていき、テレビのニュースではデフレ経済が騒がれていた頃です。

当時はマーケティングとかセールスという言葉すら知りませんでしたが、農業者である私や妻でも真摯に一所懸命に販売していると、売上が毎年伸びていきました。商売、特にお店（直売所）は継続することで認知度が上がる効果もあって、お客様は増えていきました。

ですが、販売環境の変化は次々と訪れます。

2003年3月、北海道の観光地である洞爺湖《とうやこ》温泉・登別《のぼりべつ》温泉にある有珠《うす》山が噴火。春

から夏に向けて北海道の観光シーズンがはじまる前の出来事でした。

観光ツアーは次々にキャンセルとなり、北海道観光のお客様が激減し、観光関連の業種はかなり売上を落としているとの情報が広がりました。

広大な北海道。その中央に位置する富良野地域と有珠山とでは直線距離で230km離れていて、車で高速道路を走っても4時間ほどかかります。都府県なら県をまたいで移動できる距離ですよね。それでも連日のテレビ報道で有珠山噴火のニュースが伝えられると、「北海道は大変なことになっている」というイメージになるようです。実際、何件かお客様から「有珠山が噴火して大変だね。そちらは大丈夫？」と電話をいただきました。すごく離れているので、まったく影響はないのですが……。

そのような状況なので、「こりゃあ、かなりお客さんが減るなぁ～」と覚悟した上で、夏に直売所をオープンしました。実際、富良野に訪れるお客様は減ったのですが、直売所をより目立つようにしたり、チラシを改良したりした成果か、なんとかメロン直売所の売上は前年並みとなりました。

ですが、なんと！　通販による直販部門の売上は13％も伸びたんです。例年どおり順調に伸びたことには驚きました。結果、有珠山噴火による影響をほとんど受けることなく（噴火がなかったら直売所も伸びたと思いますが）、メロンを販売することができたのです。

2008年のリーマンショックからはじまる世界金融危機の際には、お客様の会社が倒産したり、給与減、リストラなどの影響か、「もう、メロン買えないわー」という電話も何件かありましたが、実際はほとんど影響を受けずにすみました。

これからTPP交渉が進み、農業分野でも市場開放が進むとますます農家経済への厳しい影響が広がっていくと言われていますが、しっかりとお客様とのつながりを深めて直販している農家には影響が少ないはずです。

販売環境が有利になるような社会変化もありました。今は終了しましたが、ドラマ「北の国から」が放映されると、その翌年は富良野地域にたくさんの観光客が訪れて、その分、メロンの売上が伸びました。最近ではテレビドラマ「優しい時間」や「風のガーデン」の放送を見て富良野を訪れる方も多いですね。

歓迎できる話ではありませんが、2001年のアメリカでの9・11テロ事件のときは「海外への旅行は危ない」というイメージが広がって国内旅行が伸び、北海道への観光客が増えました。

旭山動物園が有名になり観光名所になったときも、旭川市から富良野地域にもお客様が流れてきました。このブームはしばらく続き、今も賑わっています。

最近では、美瑛《びえい》町の「青い池」が有名になり、駐車場までの道路には車がずらーっと並んで渋滞になるほどたくさん観光客が訪れるようになりました。〝美瑛・富良野〟でひとつの観光地を形成していますので、富良野地域にもお客様が流れてきます。

このように、富良野地域に観光のお客様が増えると、比例して当農園のメロン直売所もお客様が増えます。市場出荷や卸売りではこうした恩恵をあまり受けませんが、直販農家は市場（販売環境）のよい変化による恩恵にあずかることができます。ありがたいです。

販売に有利な社会変化があるときも、不景気だ！　デフレだ！　と社会で騒がれているときも、直販をしている当農園はお客様が増え続け、売上が伸びていった経験からも、農家の直販は最強だと確信しています。

直販農家は〝やりがい〟に満ちあふれている！

私は直販の魅力にとりつかれ、夢中になって取り組んできました。

寺坂農園の直販は２本柱となっていて、ひとつは夏の期間だけ開店しているメロン直売所、もうひとつは、全国のお客様を対象としている通販部門です。

メロン直売所が開店するのは、メロン収穫期間と同じ6月下旬～9月上旬。北海道の短い夏に、集中的にメロンを販売します。私も直売所に販売員として立つのですが、これが楽しくてやりがいがあって、やめられません！

「空港に着いて、まっすぐ直売所に来ました！　やっと寺坂農園さんに来れました。毎日メルマガ読んでますよ～」

「フェイスブックでつながっている○○です。ようやくお会いできてうれしいです！　富良野に来たら絶対ここに寄ろうと思ってたんです」

毎日毎日、お客さんが笑顔でやって来ます。うれしくてしょうがないです！　ファンと言ってもいいレベルのお客様がニコニコして直売所に来てくれるなんて、私はなんて幸せな農民なのでしょう。お客様とリアルに直接会話できる直売所運営は、直販のいいところがいっぱい詰まっています。

直売所に来店してくださったお客様には、まずメロンを試食してもらいます。初来店のお客様は、眉間にしわを寄せ、ちょっとしかめっ面で車から降りてきます。「ここってどーなの？」とでも言いたげな、不安そうな様子のお客様が、試食のメロンを食べて「わっ！甘い。おいしい～」と笑顔になる。

これは農業者として最高にうれしい瞬間ですね。これが1日中、そして毎日続きます。直売所での販売の仕事は気を使ってとても疲れますが、うれしい感情のほうが上回るので、元気に働けます。

この状態になるまで15年の月日がかかりましたが、次々とお客様がやって来て、目の前で自分たちが育てたメロンがどんどん売れていく店内を見ると、うれしさのあまり感動で涙が出るほどです。

一方の通販部門は、お客様と対面でのやりとりがない分、人間味がないというか、「注文→届く→支払い」で完了するクールなやりとりになります。が、通販でもお客様と交流する手段はいろいろあり、それを地道にやり続けることで関係性が深まっていきます。

当農園では野菜・メロンを発送する荷物の中に、アンケートはがきを入れています。購入して食べてくれたお客様から「おいしかった」と書かれたアンケートはがきが返ってくるのは、やっぱりうれしいですね。メロン出荷のピーク時や、一気に収穫して発送するトウモロコシの時期には、アンケートはがきが1日に20枚以上ゴソッと届くこともあります。

アンケートはがきだけでなく、封書や絵はがきなど、春から秋まで毎日喜びの声が郵送されてきます。これを読むのが楽しみで楽しみで！

そのほか、電話やメールでも喜びの声や応援メッセージをたくさんいただきます。いずれも農作業や直販の取り組みが報われ、喜びに変わる瞬間ですね。そのたびに「農業をしてきてよかった。直販してよかったなぁ」と感じます。

もちろん、「イマイチだった」との感想も含まれますが、それはしっかり誠意を持って対応し、改善につなげていけば大丈夫です。

お客様から届いた〝うれしいご感想〟は、毎日の朝礼で読みあげてスタッフ全員とシェアします。

発表が終わったら、全員で拍手。朝から心が暖かくなり、仕事に対する意味を確認できて、やる気が湧いてくる原動力になっています。

そのほか、主にウェブを通じて毎日情報発信していると、テレビやラジオ、雑誌などのメディアからも注目されるので、ニュースの特集番組で放送されたり、ラジオで紹介されたり、経済誌で特集記事を書いていただけることも多くなってきました。農家の直販への取り組みがメディアで評価されるのも、とてもうれしいですね。

メディアに出ると、長くおつき合いいただいているお客様から「見たよ！　自分のことのようにうれしいです！」とよく言われます。本当にありがたいです。

誰でもできる！　農家の直販

「いやぁ～、さすがです。寺坂さんだからできたんですね。私にはとてもムリです」

「農家直販の実際」をテーマにした講演が終わり、参加者の方との名刺交換の際によく言われる言葉です。わかりやすくて、すぐに実践できるように講演内容をまとめているつもりですが……。

「私もすぐにやります！」

そんな農業者がたくさん出てきたらとってもうれしいのですが、そう思っていただくまでには至っていないようです。残念な気持ちと同時に、「よっしゃ！」という気持ちも湧いてきます。

それだけ「競合がいない」ということだからです。

農家さんがみんな直販をはじめたら、私は大変です。農家の直販マーケットはすぐに飽和状態、過当競争になるでしょう。実際、都市周辺の農産物直売所は増え続け、今では競争が厳しくなっていると聞いています。

しかし、お客様へダイレクトにアプローチする農家の通販による直販は、まだまだ競合が少ないように感じます。やり方がわからない、販売に手間がかかる、お客様との関係性維持の方法がわからないなど、いろいろな理由が二の足を踏ませるのでしょう。

農家の販売手法は大まかに分けて、「農協や市場へ出荷」「ＢｔｏＢ・対企業取引」そして「消費者への直販」の３つ。どの販売ルートも意義があり、どれが正解・不正解はないのですが、一番困難で手間のかかるのが「消費者への直販」です。

農家は栽培管理から収穫・調整・出荷まで朝早くから暗くなるまで働いて、本当に忙しい毎日です。私も昔はそうでしたが、メロンを早朝4時から収穫し、日中は畑仕事、夕方から選別箱詰めを開始。夜にトラックに積み込み、市場へドカッと置いてきてやっと終了。これでもうフラフラです。これが毎日続きました。

「毎日、収穫・出荷しながら直販する時間なんてない！　ムリムリ!!」と思い込んでいました。

しかし、考えました。**どうやったらできるのか？**　を。

私がとった方法は、栽培・生産量を増やさずに、逆に農産物全体の生産量を減らしながら直販比率を徐々に上げていくという戦略でした。先にも説明しましたが、自分で設定した価格で売れる直販が成長するにしたがって、農協や市場出荷の農産物、米や大豆などをやめていったのです。浮いた「人・モノ・金」と「情熱」を直販に注ぐことによって、**全体の生産量は激減しても売上が伸びていく状態**になりました。さすがに〝一挙に直販〟への急激な変化は難しいです。

「そうは言っても、やっぱり、自分で売るなんて難しそうだなぁ～」

そう感じましたか？　そんなあなたに質問です。今までこんな経験はありませんでしたか?

苦労の末にようやく収穫した野菜やお米の写真を、フェイスブックやブログにアップして、喜びの気持ちを投稿したり、自分で育てた野菜で料理をつくっておいしかった話を投稿したとき、「私も欲しいです! どこで買えますか?」とコメントや問い合わせがきたこと、ありませんか?

結婚式など多くの人が集まる場で、名刺交換や自己紹介をしたときに、「おいしそう! 私も食べたいです。売ってるんですか?」と聞かれたこともあると思います。

また、畑を訪れたお客さんや知人から、「収穫時期になったら買いたいです!」って言われたこと、ありませんか?

そういう経験があるのなら、あなたの育てた農産物は売れる可能性が高い。直販できるんです。農家の直販って、そういうお客様とのつながりをどんどん増やしていくことなんです。

福岡県で稲作を中心に大規模経営している農家さんとお話ししたときです。

「福岡でこの地区の米は、ブランド米でも有名でもないし、直販は難しいですよ」

稲作農家さんはそう言います。たしかに、私も福岡のお米っていまいちイメージが湧きません。

でも、「直接、こちらの米を買いに来る人はいませんか？『おいしい！』って毎月買いに来る人はいませんか？」と聞くと、「はい。いますよ！」と答えます。

ということは、直販できるんです。お客様から選ばれるように魅力を伝え、販売力とコストパフォーマンスに合わせた価格設定をすれば、直販で売れます。遠くの方には通販でお届けすると喜ばれます。福岡の米を直接買って食べたい人。そのお客様の流入をどうやって太くしていくか？　を追求していくことで、直販部分が伸びていきます。

今1人のお客様がいるのなら、それをどうやって10人にするか？　今10人のお客様がいたら、それをどうやって100人にしていくか？　ゆっくりと伸ばしていけばいいのです。

その具体的な戦略・戦術は2〜4章で書きましたので読んでくださいね。

どうです？　自分でも直販・通販ができそうな気持ちになってきましたか？

2章

直売所をはじめて
お客様に直販するとき大切な
4つのポイント

どうやってお客様を集める？

とても悪い立地で直売所をはじめてしまいました。

1999年、26歳での結婚を機に、「このままではジリ貧だ！」と、育てたメロンを直販することを決意。直売グループを立ち上げたりせずに、メロン直売所を自分だけではじめることにしました。

お店は立地が大切。国道沿いで、カーブがなくて……なんていう理想の場所に直売所を開設できたらいいのですが、儲かっていない農家だからこそ直売所をはじめるわけなので、資本もなくそうはいきません。

しかし、運がよかった私。隣町、上富良野町の国道沿いで直売所を開店できる場所を確保することができました。母方の祖母が昔、農業をしていたときの納屋があったのです。その納屋はほとんど使われていなかったため、一角をちょっと改造してメロン直売所をやろう、と思い立ちました。

さっそく、母方のおばあちゃんのところに行って事情を説明し、「納屋を貸してほしい」

とお願いしました。

「お兄ちゃん、ダメだわ。貸すのはいいんだけど商売はダメ。国道からちょっと奥まったところにあるし、ちょうどカーブの内側にあるから人の目に入らない。お店があるなんて誰も気がつかないよ。向かいのカーブの外側、そこにはコンビニがある。そこならいい。どっちから来ても目に入るからお客さんが来る。その反対のあの場所じゃ、お客さんは来ないよ」

実際にはじめてみると、まったくそのとおり！　本当にお客様が来ません。

カーブの外側の位置なら、車で走行中に遠くからでも正面に見えます。これに対して、カーブの内側、しかも少し奥まった場所にある納屋が、走行する車から見えるのはほんの一瞬。ちょっと目立つようにしたくらいでは、お客様に気づかれることはないのです。

唯一の救いは、直売所前のカーブに交差点があり、そこに信号があったこと。赤になると車が止まり、ドライバーが周囲を見渡せば、当農園の直売所が目に入ります。ここでようやく、お客様が「入ろうか？　どうしようか？」と考えてくれるのです。ま、信号が青になったら、すぐにスタートしてしまいますが……。

お客様が来なくて、売れない日はつらい。とてもつらいです。売れる日はボチボチ売れるのですが、売れないときはまったくダメ。売上ゼロ円の日が続いたこともありました。そうなると社会から拒絶された気持ちになって、家族で落ち込んだものです……。

しかし、そんな悪い立地で直売所をはじめたことが、逆にあらゆる面で寺坂農園を成長させるきっかけとなりました。

どうすればメロン直売所にお客様が来てくれるのか?

考え抜き、やれることをやり抜くしかありません。

そのひとつが集客パンフレットの配布です。A4サイズで裏表印刷した、寺坂農園のメロン直売所を紹介するパンフレットを作り、ペンション、観光協会、観光案内所、レンタカーの営業所などに置いてもらいました。

このパンフレットの作り込みが重要です。そして今では、みんなスマホやタブレットを持っているので、ウェブページの作り込みも大事。パンフレットでもウェブページでも共通するのが、次のことを考えることです。

寺坂農園のメロン直売所

Before

After

遠くからでも目に入る、メロンの立体看板と特大看板・特大のぼり

旗を振りお客様を呼び込む「カットメロンマン」

「お客様はなぜ、メロン直売所に来るのか?」

「お客様はなぜ、メロンを買うのか?」

重要な質問です。売ろうとせずに、お客様視点で考え、気持ちを感じていきます。

当農園のメロン直売所に来られるお客様は、夏の観光で訪れています。そこでメロンを買う理由で一番多いのは「おみやげに」です。

「富良野に来たけど、おみやげに何がいいかなぁ?」

旅行の期間中、頭の中で常にもやもや、うっすら考えているのです。

「おみやげを渡した人が喜んでくれるものは何か?」という悩み・問題を解決する仕事、それがメロン直売所の仕事となります。


パンフレットを作る目的は、もちろん集客。直売所に来店してもらうのが目的です。

そこで、パンフレットやチラシの一番上の目立つところにある「キャッチコピー」が重要になります。どんなキャッチコピーを書くかによって、お客様がパンフレットを手に取ってくれるかどうか、一瞬で勝負が決まると言っても過言ではありません。

これまでいろいろなキャッチコピーを考え、使ってきました。

「こんなにおいしいメロンははじめてです！　お届け先からも喜びの電話がきました！」

お客様からいただいた声をそのままキャッチコピーに使ったりしました。このキャッチコピーでは、お客様の「富良野のおみやげは何にしようか？」という悩みに対して、「富良野メロンがおみやげに喜ばれていますよ」という実例を伝えました。

今、配布している集客パンフのキャッチコピーは、

「おみやげに、富良野メロン！」


ストレートに大きく目立つように載せています。

「富良野の特産品、おみやげって何かな……？」と頭のどこかで考えながら、レンタカー店やペンション、観光案内所を訪れると、「おみやげに、富良野メロン！」が目に飛び込んでくる。そこで「そうか、富良野ってメロンが特産なんだ」と知ってもらい、興味を持ってもらい、パンフレットを手にとってもらえたら……という思いで作りました。

数字では計測できていないものの、このパンフレットを手に直売所を訪れる方は多く、効果を実感しています。


お客様がなぜ、来店するのか？　なぜ、購入するのか？

その解決策や、自分が役立てることを、わかりやすくキャッチコピーにすることが大切

です。これは直売所を紹介するウェブページでも同じです。

そのほか、集客パンフレットで大切なポイントがいくつかあります。

来店すると〝どんないいこと〟があるの？

当農園のメロン直売所に来られたら、まずメロンの試食を出します。まぁ、試食を用意しているのは普通ですよね。

ですが、その〝普通のサービス〟をきちんとパンフレットに明記します。「試食を用意しています」と、しっかり書いてあるとお客様に伝わり、安心して来店することができます。「試食だけでも来店してほしい」と、案内の文章が続きます。

これによって、来店の目的が「メロンの購入」の前段階の「メロンの試食」になるので、「試食だけでもいいなら……」と、心理抵抗が減り、安心して来店できます。購入までの心理ステップが2段になっているのです。お客様の不安を取り除き、安心して来店できるように、パンフレットの内容を作っていきます。

パンフレットでは、来店することによるベネフィット（いいこと：便益）をしっかり伝えていきます。自分が言いたいことを書いてはいけません。

「メロン直売所に行ったら、どんないいことがあるのか?」

ということをしっかりと載せて、伝えていきましょう。試食もベネフィットだし、カットメロンを購入し食べられること、格安な訳ありメロンがあること、手作りドレッシングを用意していることなど、お客様へのベネフィットを伝えることで、「ここに行こう!」と心のスイッチが入り、来店へつながります。

お店の場所をわかりやすく書いてあるか?

地図はすごく大事です。わかりやすく、大きく載せましょう。

カーナビの設定方法もしっかり載せます。お客様の時間は貴重です。観光だとなおさら行きたいところを詰め込んでいる方も多く、「場所がわかりづらいな……」と思われたらアウト。心の中での行き先優先順位が即、低下です。

お客様が来店しやすいように、あくまでもお客様視点でわかりやすく地図やアクセス方法をしっかりと載せます。

お店案内のウェブページ、そして紙のパンフレットも、常にお客様の気持ちに寄り添い、お客様の問題解決を考え、お客様の不安を取り除き、お客様が来店しやすいように考えて、改善を積み重ねながらパンフレットを作ります。

どんな直売所なのか？　そこに行くとどんないいことがあるのか？

それが伝わると、お客様は「ここに行こう！」とパンフレットを手に取り、しっかり読んでくれた上での来店、になるでしょう。

とにかく目立つ。躊躇することなく目立つ！

直売所は、躊躇することなく目立つことが必要です。

一応国道沿いではありますが、カーブの内側、すこし奥まったところでメロン直売所をはじめたのは、先に説明したとおりです。車が信号が赤で止まり、直売所を見つけてくれた瞬間に、「寄ってみよう」と決断してくれなければ、お客様は来ません。

実際、16年前に直売所をオープンして2、3年は、外観にお金と手間を掛けられなかったので、お客様があまり来ませんでした。

直売所をパッと見て、「寄ってみよう」と判断するのに、おそらく1～3秒。ですから店舗の見た目の印象をよくすることや、目立つことが大切です。

ですので、ここでとる戦略は**躊躇することなく目立つ**です。

と言っても、ただ目立つだけではいけません。ある程度センスよく目立つことが大切です。激しい目立ち方をしたら、逆に「あやしい……」と警戒されてしまいます。

たとえば、はじめて行った知らない町で「このラーメン屋に入るかどうか？」と悩んだとき、試食などできないので、結局はお店の外観で判断するでしょう。外観が汚れていたり、看板やのぼりが色あせていたりしたら、なんだか怪しく感じますよね。

それだけ見た目・外観から、お客様はそのお店のやる気、センス、品質レベルなどを感じ取り、「行くか？　行かないか？」を決めているのです。誰もが買い物で失敗をしたくはありません。

当農園では毎年ひとつずつ、「お客様が訪れやすいように」と、直売所を整備してきました。

まず、道路沿いに立てるのぼり。各地の野菜直売所では、宅配便各社からもらったのぼりや、既製品を使っているケースが多いようですが、目立つことが信条の当農園では、なんと！　大きさが2倍もある特大のぼりを立てています。人の背丈より高いのぼりですが、道路から見ると普通のサイズに見えるから不思議です。オリジナルデザインのフルカラー印刷で目立つのぼりを作り、直売所のまわりにたくさん立てることで、賑やかさを演出しています。

さらに、古い球体型灯油タンクを利用して立体メロン看板も作りました。鉄工所で回転作動部分をつくっていただき、立体メロンがゆっくり回転するようになっています。人は動くものに目線がいきます。動く看板はお客様の興味を引く力が強いです。

店名看板も大切。とにかく大きく！　です。**看板の大きさと売上は比例する**、と実感しています。やはり大きい看板のほうが目がいきますし、メロンの直売に対する〝情熱〟とか〝気合いの入れ方〟が、看板や直売所全体の見た目から、お客様に伝わるんだと確信しています。

もちろん、看板が色あせてきたらすぐに塗り直します。見た目をきれいに維持することも非常に大切です。

さらには、独自に作った着ぐるみをかぶって、旗振りまでやります。「カットメロンマン」というオリジナルキャラクターを作りました。ダンボールで自作したメロンのかぶり物を着けて、道路沿いで旗振りをするのです。

これは目立ちます！　富良野メロンブランド非公認キャラですが、ちまたのゆるキャラよりも人気があるかもしれません。窓を開けた車内から、子供たちが喜んで手を振ってくれます。今ではみんなスマホを持っているので、お客様と一緒に写真撮影をすると、フェイスブックやブログにアップしてくれます。それがウェブ上での口コミにつながって集客効果をもたらしています。

「まさか、そこまでやる必要は……」

という内なる声が聞こえたら、それはよい信号。それをやればいいのです。

他の直売所も農家さんも、同じように恥ずかしさや心理的抵抗を持っています。農村社会では、目立っているというだけで叩かれることもありますので、なるべく目立たないように、和を乱さないように生きることの大切さはわかります。

しかし、**売るためには覚悟を決めて目立たなければなりません**。そうでなければ、周囲に埋没してしまい、お客様に来ていただくことはできません。目立つことで直売所の存在を伝えなければ、伝わらないのです。

経営者には家族や従業員の生活を守る責務があります。恥ずかしい気持ちや怖れの感情を持ちながらも、躊躇することなく目立つ覚悟が必要です。

「まさかそこまでやらなくても……」という声が自分の中で聞こえたなら、その自分自身がライバルです。自分の限界点です。目立つことに限らず、仕事全般に当てはまることなので、勇気を持って心のリミッターを外し、「そこまでやる⁉」という気持ちで取り組んでいきます。きっとその意気込みはお客様に伝わります。


不利な立地を乗り越える取り組みを積み重ねることによって、お客様は直売所を見つけ、興味を持ち、来店してくれたのです。繁盛する直売所には、タネも仕掛けもあるのです。

直売所では〝売って〟はいけない

直売所をはじめると、たくさん販売して儲けたいところですが、商品を売ってはいけません。私は今でも直売所の販売スタッフに、しつこく「売ったらダメですよ」と言い伝えています。

正確には「売り込んではいけない」。がんばってたくさん売ろうとするほど、お客様は「売りつけられたくない」ので、気持ちが逃げていきます。誰もが売り込まれるのなんてイヤですよね。

直売所での運営・販売スタッフの仕事は、「メロン購入を通じての、お客様の問題解決のサポート」です。当農園のメロン直売所を訪れるお客様は、「おみやげ、何にしようか？」と、悩んでいます。そして「旅の思い出に富良野のおいしいものを食べたい」と思っています。ほぼこの2点です。悩みを解決し、喜びを提供するのがメロン直売所の仕事。そんなお客様のサポートが、直売所運営・販売スタッフの仕事です。

〝売らず〟にメロン購入のお手伝いをするようなイメージです。

お客様がご来店したら、最初にメロンの試食をお出しするのですが、小さくカットすることはしません。せっかく来ていただいたのですから、大きめのものをしっかり味見していただきます。

試食でおいしさを確認してもらったら、北海道メロン・ナンバー1ブランドの夕張メロンとの違いを説明したり、良品と訳あり品の違いを説明します。また、当農園で育て、販売している品種の特徴と短所を説明し、お客様にとってよい購入判断ができるようにサポートしていきます。そのほか、メロンの食べ頃の見極め方や、大きさや価格の違い、品質保証などについて丁寧に説明するのが仕事です。

自家用なのか？　大きいメロンがいいのか？　お届け先は何人家族で、どれくらいの大きさや数がいいのか？　ギフト用なのか？　おみやげなのか？　もしくは自分用のおみやげなのか？

丁寧にお聞きして、できる限りのアドバイスと購入サポートをしていきます。

そして、メロンの購入が決まったら、箱詰め・梱包。購入代金の精算と、お問い合わせがある場合の連絡先を伝えたり、やることはいっぱいです。記念撮影のお手伝いも進んでやります。

目標は「ありがとう、この直売所に来てよかった。また来るね」と言われる接客対応。

この言葉をお客様から言われたら、快感です。直販の苦労が報われる瞬間です。お客様が喜んでくれて、気持ちよく次の目的地に出発できるような接客をめざし続けます。

直売所の仕事は、「メロンを売ったら終わり」ではありません。

ダイレクト・マーケティングの概念では、直販においては、**「売ってからお客様との関係がはじまる」**と考えます。ですから最初のお客様との接点である直売所での接客対応は、当農園のイメージが決まる大切なところなので、心地よい購入体験をしてほしいのです。

それが直販の一連の取り組みとどうつながるのか？　次の項目で説明します。

売上よりも大切なものを獲得する

直売所で1日にどれだけの売上をあげるか？　は、経営に関わることですから、とても大切です。ですが、それ以上に大切なことがあります。

いかに〝顧客リスト〟を獲得できるか？　です。

顧客リストとは、お客様の住所・名前・電話番号・メールアドレスなどの個人情報です。

それに加えて重要なのが、「ダイレクトメールを郵送してもいいか否かの許可」です。

当農園のメロン直売所では、メロン販売の仕事も大切ですが、一番大切にしているのが顧客リスト（お客様情報）の獲得なのです。

「あぁ、春になったらグリーンアスパラの案内が届くのね？　送ってちょうだい」

ダイレクトメール（以下、ＤＭ）の郵送許可をいただけると、もう、うれしくて仕方ありません。

なぜなら、直売所ではじめてご縁をいただけたお客様との関係を継続できるからです。一度買ってくれたお客様に、１年後の収穫シーズンにＤＭを郵送して農産物を紹介することで、再度購入してくれるのです。生産者として、これほどうれしいことはありません。

売った後に、また売ることができる。ダイレクト・マーケティング、通販はリピートが命です。リピート注文がないと売上を維持するために、新しいお客様を追いかけ続けることになります。すると広告宣伝費がかかり続け、いつになっても利益が出てきません。お客様との関係をどう継続していくかが大切なのです。

ただし、接客し販売したお客様に、「ＤＭ送っていいですか？」と確認したら、オウム返しのように「あぁ、いらないわ」と言われる可能性が高いでしょう。どこのお宅も毎日のようにＤＭが届いてうんざりしていると思います。個人情報を提供することにも抵抗を感じます。

どうすればＤＭ郵送の許可がいただけるかをよく考えて接客する必要があります。接客品質をあげたり、売り込みをしない、挨拶の徹底や笑顔での接客など、やれることはたくさんありますね。

そして**ＤＭを受け取ると、お客様にどんなベネフィット（便益・お得）があるのか**をしっかり伝えると、郵送許可をいただきやすくなります。目標はお客様から、

「ありがとう。ぜひ送ってちょうだい。また注文するからね」

と言ってもらえること。直販してよかった！　と、うれしさ倍増ですね。

そのほか、お客様にフェイスブックページを見てもらい、「いいね！」を押してもらうのも、ウェブ上でつながりが生まれるので、有効です。

売って終わり、ではありません。

売った瞬間からお客様との関係がはじまるのです。どうしたらお客様情報をいただくことができて、ＤＭの郵送許可がいただけるか？　クリエイティブに取り組み続けましょう。

3章

最強の農業経営
「農業＋直接販売」モデル

農家直販で一番大切な資産とは

クイズです。

私の経営する農園、寺坂農園が火事になりました。自宅も倉庫もすべて燃えています。ですが、家族やスタッフは逃げ出して全員無事です。

しかし、社長である私はバケツの水を頭からかぶって燃えさかる火の中に飛び込み、ある〝大切なもの〟を抱えて戻ってきました。

さて私は、命をかけてまで何を取りに行ったのでしょうか？

わかりますか？

北海道の十勝地域で講演したときにこのクイズを出したら、参加者の1人が「種！」と答え、感動しました……。この方は真の農業者ですね。

答えは、そう、「**顧客リスト**」です。前章の直売所のところで書いたとおり、絶対に顧客リストを取りに行きます。実際には顧客リストの入ったハードディスク、もしくはパソコンですね。

農業経営で大切なものはたくさんあります。現金も大切。高価なトラクターも大切です。ですが直販農家にとって、一番の資産は顧客リストです。

現金を１００万、２００万失おうが、顧客リストのほうが大切です。顧客リストさえあれば、どんなことがあっても、私は何度でも立ち上がることができるからです。

火事になって、農機具から施設、事務所が焼失しても、顧客リストさえあれば、お客様へメールやＤＭで取り組みを伝えることができるので、またメロンを生産し、直販することができます。

もし、顧客リストを失ったら、今まで関係を構築してきたお客様と連絡をとることができません。また一から新規顧客獲得にコストと労力を掛けることになります。

また、なんらかの理由があって農業ができなくなったとしても、顧客リストさえあれば、他のビジネスを立ち上げて、その想いを伝え、お客様に商品・サービスをダイレクトに提供することができます。

会計上では資産に計上されませんが、直販する農家にとって一番の資産は「顧客リスト」。これさえあれば、経済的に自立した安定経営を続けることができるのです。

直販農家の「売上の方程式」

まずは「売上がどのように生まれるのか？」を理解することが大切です。

私は地元の農業高校を卒業しました。そこでは〝農業簿記〟を学びます。商業簿記、工業簿記とは違う、農業用の簿記を素直に学んだ私。農業簿記では、売上は次のように学びました。

土地×労働力×資本＝売上

農業の売上構成を的確に表わしている計算式です。

土地（農地）は、狭いより広く所有している大規模経営のほうが、農産物をより生産できるので、売上が大きくなります。

労働力は、農業従事者の数。20代前半の頃、私は母と2人で農業をしていました。労働力は絶望的な状態。寝る間を削ってトラクター作業をしても、仕事の進み具合は知れています。

それに対して、父母が健在で手伝ってくれて、自分たち夫婦もいて、後継者の息子もいる。さらに収穫期にはパートさん3人が作業に来てくれる……となると、多くの農産物を生産、収穫して販売できます。労働力は多いほうが生産量が多くなり、売上が増えます。

最後に、資本。これは言い換えると〝お金〟ですね。資本があれば、ビニールハウスなどの施設も多く建てられる。大型トラクターをそろえて、効率よい作業機で一気に農作業を進めることができます。

農業高校で「農業の売上は、土地×労働力×資本」と習ったときは、なるほどな、と感心したものです。

それに対して、商売では、

客数×単価＝売上

となります。お客様がたくさんいないと、お客様にたくさん来てもらわないと、売上が上がりません。どんな商売・ビジネスでも、お客様が多いほうが売上が上がります。

単価は提供する商品・サービスの価格です。安売りしたら、その分だけ売上が下がります。ブランド力をアップして品質を上げれば、価格も上げることができて、その分、売上が伸びていきます。

飲食店でもマッサージ店でも、保険屋さんでも機械屋さんでも、「客数×単価」で売上が決まります。

ダイレクト・マーケティングの「売上の方程式」

それに対して、農家の直販、ダイレクト・マーケティングの売上の方程式はちょっと違います。ものすごーく大切な方程式なので、しっかり覚えてください。

(見込み客×成約率)×単価×頻度=売上

です。当農園でも、ダイレクト・マーケティングを駆使してすべての農産物を直販しているので、この方程式どおりに売上が決まります。

まず方程式の「見込み客」。

〝客数〟ではなく、**〝見込み客〟**というのがポイント。見込み客とは、「買うかどうかわ

ダイレクト・マーケティングの売上の方程式

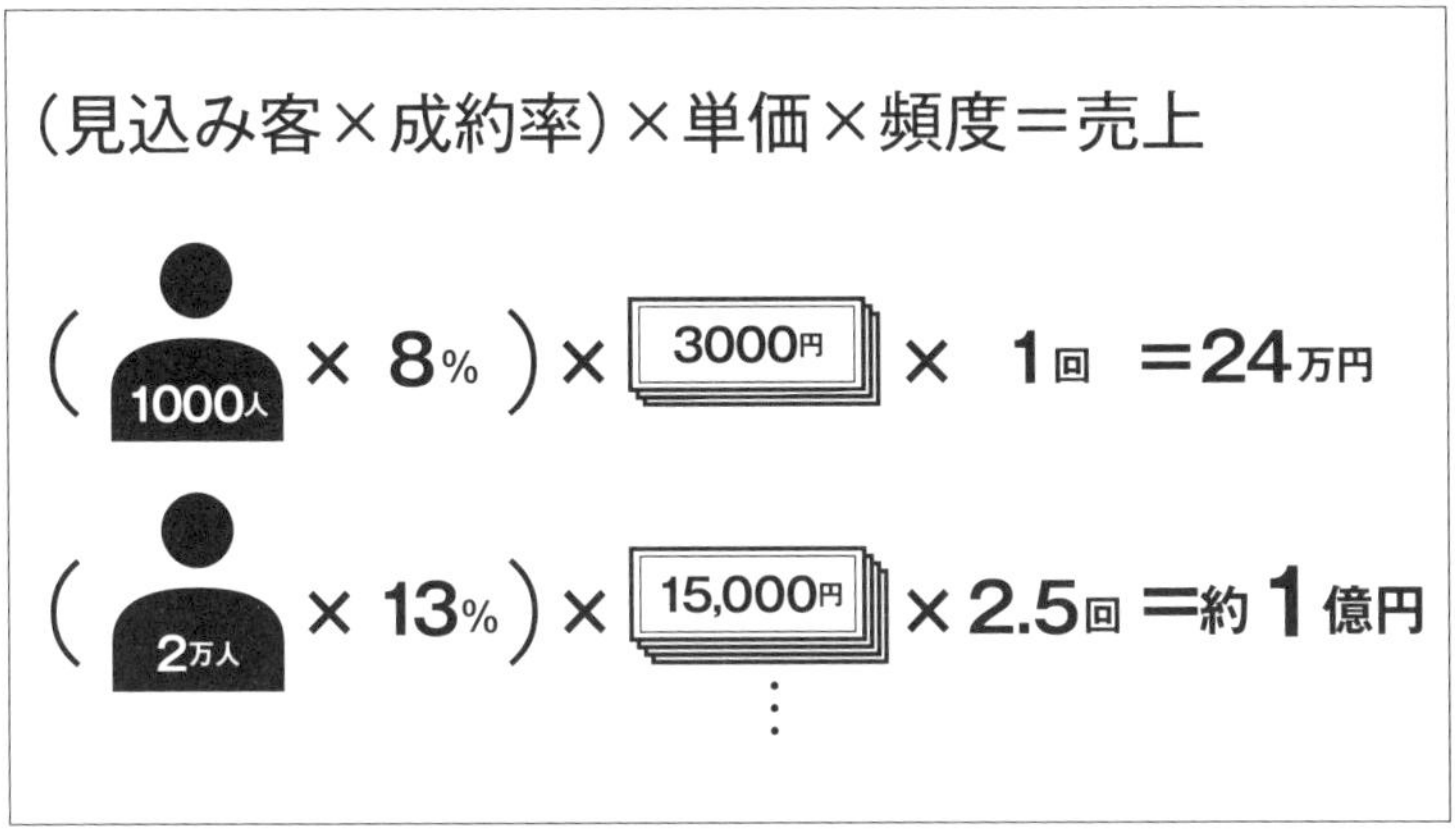

からないけど、購入してくれそうなお客様」のことです。

たとえば当農園の例だと、メロン直売所に来店するお客様が見込み客です。買うかどうかはわからないけど、興味を持ってお店に来てくれたということは、購入する可能性（見込みのある）お客様です。

通販による直販だと、「ＤＭを郵送してもいい」と許可をいただいているお客様リストが、見込み客になります。自社の商品・サービスに興味がある、もしくは一度購買履歴があるお客様が〝見込み客〟。この数が最初にきます。

次に「成約率」。

これは、「実際に何％の人が購入するのか？」という数字です。お客様が１００人来店して、

見込み客増客システムを構築する

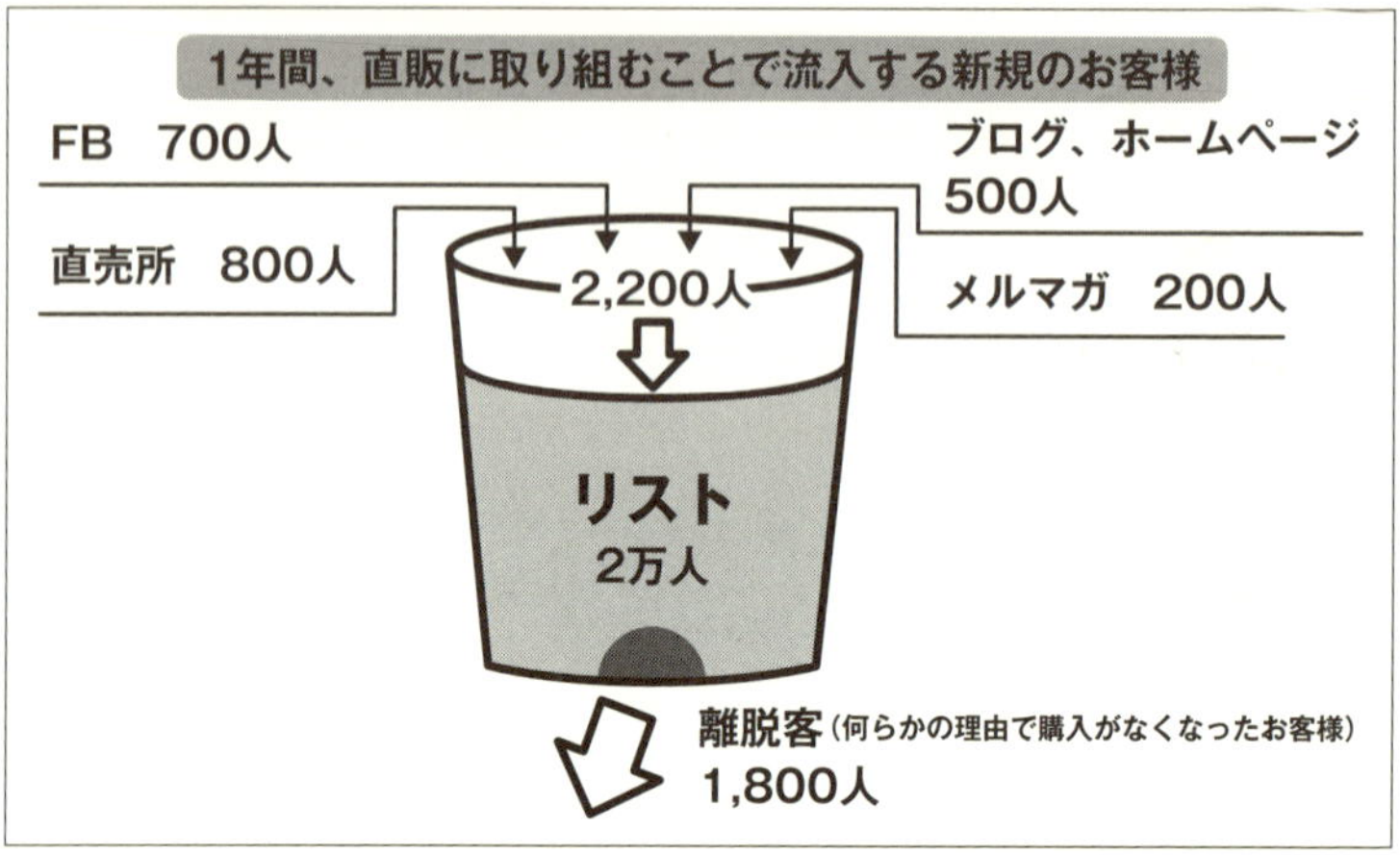

実際に購入した人数が10人なら、成約率は10%になります。ですから、括弧の中を計算すると、（見込み客×成約率）＝実際に購入するお客様の数が出ます。

その次が、「単価」。商品・サービスの価格です。前にも説明したとおり、高ければ高いほど、売上が伸びます。

最後は「頻度」です。これも重要です。とくに農家さんは忘れがちな要素です。頻度を簡単に説明すると、「何回売ったか」ということ。もちろん、回数が多いほど売上が伸びていきます。

それでは、実際に計算してみましょう！

例として、私がメロン直売所をオープンして3年目ぐらいの数字を当てはめてみます。

見込み客は、親戚・知人に「直売をはじめたのでよろしくお願いします」と、住所・名前を集めたり、直売所で購入したお客様に住所・名前を記入していただいたり、DM郵送可能なお客様を1000件獲得していました。

成約率は、当時はダイレクト・マーケティングをまったく知らなかったので、いろんなメロンのパンフレットをかき集め、見よう見まねでDMを制作して郵送したところ、そのうち8％の方からご注文をいただくことができました。まずまずの数字です。

そして単価は、当時、直売をはじめたばかりで自信がなかったので、メロン2玉入りで3000円。

頻度は、DM郵送でのご案内を一度しただけだったので、1回です。

では、計算してみましょう。

（見込み客1000人×成約率8％）×単価3000円×頻度1回＝売上24万円

1回のDM郵送のキャンペーンで24万円の売上となりました。

次に、メロンの直売所歴16年。ダイレクト・マーケティングのコンセプトを取り入れ、地道に直販に取り組んで売上を伸ばした場合、つまり今の当農園に近い数字を当てはめてみましょう。

16年もやっていると、ウェブサイトや直売所から流入してきた新規のお客様を含め、累計数が多くなります。そのお客様すべてにＤＭを郵送すると膨大なコストになります。そこで、しばらく購入のないお客様は買う可能性が低いと仮説を立て、除外します。ここでは、差し引きした見込み客数（実際にＤＭを郵送した件数）を２万件とします。

ＤＭパッケージの作り方を勉強・研究し、お客様に想いが伝わり、購入しやすいようにＤＭを制作して郵送。すると成約率はなんと13％に！　ＤＭで成約率が10％を超えれば、大成功と言えるでしょう。

次に単価。長年やっていると、１回に30万円も「メロンお中元ギフト」を購入してくださるような上得意様が何人もリストに名を連ねます。また、商品力とブランド力（信用度）が向上するにしたがって、値上げも進めてきました。今ではメロン２玉で５０００円（税別）で販売しています。購入単価は平均すると、１回の注文あたり１万５０００円になりました。

最後に頻度。夏のメロンＤＭ１回だけでなく、春にはグリーンアスパラガスのＤＭ、秋にはトウモロコシや根野菜セットのＤＭを郵送します。

全員に３回郵送すると広告費が増大するため、平均して２・５回、ご案内しています。

計算すると……

（見込み客2万人×成約率13％）×単価1万5000円×頻度2・5回＝9750万円

約1億円の売上になるのです！

すごくないですか？　すべてがかけ算になるので、一気に売上が伸びていくのです。

逆に怖いのが、4つの要素のうちひとつでも数字が0だと、売上はゼロ円になります。

たとえば頻度が1回になると、売上は3900万円と一気に半分以下になるのです。

ダイレクト・マーケティングの魅力と怖さの両方を感じます。ですから、これら4つの要素すべての数字が増えるように、戦略・戦術を実行していきます。効果が出ると加速度的に売上が伸びていくのを実感できます。こうなると直販がおもしろくなり、やめられなくなります。

では、どうやったら見込み客が増えて、どうすれば成約率が高くなり、単価と頻度を上げられるか、その方法をこれから説明していきます！

直販をはじめる前に！　3つの前提がある

やっぱり直販はすごいな！　と気持ちが盛り上がってきたところですが……。

農家の直販、売上の方程式で、ぐーんと売上が伸びそうな話をしてしまいましたが、ここでちょっと残念な話をお伝えしなければなりません。

重要な3つの前提条件があるのです。これをしっかりと認識してから直販に取り組まないと、「あれ？　売れない……」とがっかりすることになりかねません。厳しい話をしますが、しっかり読んでください。

①パンフレットやウェブページを作っても、お客様は「読まない」

一所懸命、きれいでわかりやすいパンフレットやウェブサイトページを作っても、情報過多の時代、私たちは朝から晩まで広告を目にします。新聞折り込みチラシやポスティングチラシ、テレビを見ればCMが流れ、スマホでネットにつなげればイヤでも広告を目にします。

朝から晩の寝る前まで、目にする広告は相当の数になるでしょう。農家の直販もその競争にさらされるのです。

想像してみましょう。あるお客様が夜8時、会社から自宅に帰って来てリビングのソファーでひと息。テーブルの上にある寺坂農園のＤＭを見つけ、手に取ります。

「おー、もうメロンの季節か。今年も注文しようか」

封筒を開けようとしたらハサミがない。そのタイミングで奥さんから「お父さん、先にお風呂入って」と声がかかり、「じゃあ、後で注文するか」となりテーブルにポン。そのまま数日経過し、当農園からＤＭが届いていたことも忘れてしまうでしょう。

実際、メロン収穫・発送の季節が過ぎてから、「そう言えば、メロンの注文するのを忘れていたんだけど、まだありますか？」という、悲しい問い合わせが多いこと多いこと……。

推測ですが、当農園が気合いを入れて2万通のＤＭを、1通150円、総額300万円掛けて郵送したとしても……おそらく35％ほど、7000通は開封もされずゴミ箱直行の可能性があります。キビシイです！

ちょっとやそっとのＤＭやパンフレット、ホームページを作ったとしても、**お客様は絶対に読まない**ぐらいの認識を持ってください。これが直販の取り組みをするにあたっての大前提となります。

②なんとか読んでくれたとしても、お客様は「信じない」

今のお客様は買い物体験も豊富。一所懸命、熱い想いで商品・サービスの説明をしても「またまた、寺坂さんは売るのが上手ね」と身構えられ、受け流されてしまいます。お客様には、こちらの売る気満々はすでにお見通し。なかなか信じてもらえません。

またお客様は、買い物の失敗体験も豊富です。

私事ですが、3年前にダイエット目的で購入したエアロバイク。1ヶ月も使わず、今では部屋の隅で洋服掛けになっています（笑）。

広告を見て「いいなぁ」と感じても、過去の買い物の失敗経験が無意識レベルでよみがえります。また痛い思いをしたくないし、損をしたくないので、お客様はとにかく疑ってかかります。

DMやパンフレット、ホームページを読んでもらえても、お客様はなかなか信じてくれないのです。

③読んで信じてくれたとしても、お客様は「行動しない」

お客様は行動しない、ということは「注文をしてくれない」ということです。

もし読んでもらえて、右脳のイメージで「おいしいそう！　欲しい！」とイメージが膨らんでも、今度は左脳の論理的思考で「また失敗するかも。損するかもしれないぞ」と、購入にブレーキがかかります。

そして現代社会で生きる皆さんは、忙しいのです。共働きの方も多く、やることがいっぱいです。

「欲しい！　買うっ！」と、心のスイッチが入ったとしても、注文書を書くためにボールペンを取りに立ち上がるのがめんどくさい。パソコンを立ち上げてホームページにアクセスするのがめんどくさい。注文書を書いて三つ折りにして返信用封筒に入れたけど、封をするための糊がない……そのまま日々の忙しさに飲み込まれると、もう注文は来ません。

みんな忙しくて、今の商品・サービスで十分満たされていて、注文するのがめんどくさい。お客様はとにかく行動しないのです。

厳しい話ですが、この3つの条件を胸に刻みこんで、ではどうすればDM、パンフレット、ホームページを読んでくれて、信じてくれて、行動（注文）してくれるのか？　一緒に考えていきましょう。

農家でもブランドになっていく！

シャネルやルイ・ヴィトンなどの有名メーカーだけがブランドではありません。ユニクロや100円ショップのダイソーもブランドです。

ブランドとは、ファンの数。その会社、商品・サービスを大好きなファンの数が多いほど、ブランドが確立されていて、認知されて選ばれるようになります。

農家の直販でも、「ブランドになっていくぞ！」という〝ブランディング〟の意識が必要です。自分たちが取り組んでいる農業のあり方に対してのファンを増やしていくのです。

では、どうやってブランディングをしていくか？

私は、「自分の農園の強みを最大限に伸ばし、突出する」戦略をとりました。直販に取り組みながら蓄積してきた私の農園の強みは、「品質の高いメロンを生産する技術がある」「メロンの直販ができる」の2つ。これを徹底して伸ばしていくことにしました。

米や大豆、人参などの生産を順番にやめて、資金や労力などの経営資源をメロンに集中しました。

直販の部分では、札幌や東京で開催されるマーケティングセミナーに参加して勉強したり、本を読んで勉強、実践し続けました。必要に応じてダイレクト・マーケティングの専門家にコンサルティングも依頼し、直販部門を強化していきました。

すると地元の富良野地域でも、「寺坂農園はメロンの直販をやっている農家」と認知されるようになりました。「おみやげにメロンを買うんだったら、寺坂農園に行ったらいいよ」と、口コミ紹介で訪れるお客様も増えてきました。農家ブランドが確立したからですね。

逆に、何でもやっているとイメージが分散し、印象が薄くなってしまいます。

たとえば、「お米の他に麦と、いろんな野菜を生産しています」と自己紹介されても、ふーん、という感じです。尖っていません。

「うちはお米専門です。30ヘクタール作っていて、1000俵を直販で売っています」と自己紹介されたら、「えぇー、すごいね！」と印象に残ります。おいしいお米を農家から直接買いたい、と思ったら、すぐにこの方を思い出すでしょう。

前章でもお伝えしたように、地方の農村地域は人間関係が密で和を重んじる空気があるので、暗黙の同調圧力を感じて、目立つ行為をすることにはどうしても躊躇してしまいます。私もここが悩みどころでした。

ですが、しっかりと自分の農園をアピールできないと、お客様が気づいてくれず、認知してもらえません。それではいつまでたっても直販は伸びないでしょう。

目立つ、突出する、特化する。これらが大切なキーワードです。

寺坂農園の取り組みに共感し、応援してくれるファンが増えるにつれて、ブランドが確立され、経営は安定してきました。

ブランドを確立するには、自分がやっている農業の強みを把握して、それを伸ばしていくことが近道です。

あなたの提供する農産物のよさが伝わる「大切な質問」

どんなにおいしいお米や野菜・果物でも、その特徴やベネフィットが購入するお客様に伝わらなければ、売れません。

そこで、ＵＳＰ（ユニーク・セリング・プロポジション）を明確にすることが必要です。「他とは違う〝売り〟は、これ！」というものが、ありますか？　独自性があるか？　ということですね。これが明確にわかる、大切な質問があるので紹介します。

まず、あなたが今、お客様に提供している商品・サービスを思い浮かべてください。その中でも、特に「これをもっと売りたいな！　広めたい！」という商品・サービスを思い浮かべてください。頭の中に思い浮かべましたか？

では、その商品・サービスについて質問します。

「なぜ、数多くの似たような商品・サービスがある中で、私はあなたの商品を買わなければならないのですか？」

この質問に、小学生でもわかるように、20秒以内でわかりやすく説明できるか？

これで売れるかどうか、決まってきます。どうでしょう？　答えられるでしょうか？

大切なのは〝**小学生でもわかるように**〟〝**20秒以内で説明できるかどうか**〟です。

私のところには、「直販のやり方を聞きたい」といろんな方が訪れます。その方に「何を売っているんですか?」と質問し、返ってきた答えを聞くだけで、売れているか、売れていないか、だいたいわかります。

特徴があって尖っていて、簡潔にベネフィットを説明できる商品・サービスは、「それ、売れてるでしょう?」と聞くと、「ハイ、売れています」と答えます。

しかし、「これはですね……」と長々と説明しはじめる方もいます。経緯や取り組み、背景や協力体制など、3分以上にわたって説明します。話を止めて、「ちょっと待って、それ、売れてないでしょう?」と聞くと、「ハイ、売れないんです……」。そうですよね、わかりやすく簡潔に伝わらないからです。

USPの好例としては、掃除機を販売しているダイソン社の、

「吸引力の変わらないただひとつの掃除機」

が有名です。これってすごくないですか⁉ 何秒もかからずに誰でもわかる名コピー。みごとなUSPです。他との違い、得られるベネフィットが的確に伝わってきます。

もうひとつ、有名な例を。今は使われていませんが、昔のドミノピザです。

「おいしいピザをお宅まで30分以内にお届けします。間に合わなければ、代金は頂きません」

私だったら、ワクワクしながら電話で注文しちゃいます。ピザが届くまでドキドキ体験ができちゃいますよね。他のピザ宅配会社でやっていない独自の売りが、わかりやすくて明確に伝わってきます。

子供を相手に自分の商品・サービスを説明したときに、

「へぇ〜、おじさん、すごいね〜！」

と反応があったら、売れる可能性大。逆に、聞いた子供が「ふーん」で終わって、興味がなさそうだったら見直しが必要かもしれません。子供を相手に挑戦してみてください。

それでは寺坂農園の主力商品、メロンの例でＵＳＰを見ていきましょう。

北海道にはメロンの産地が10ヶ所以上あり、たくさん生産されています。そのパンフレットやホームページの商品説明コピーは、だいたい次のようなものです。

「雄大な北海道の大地。澄んだ空気、清らかな水、恵まれた気候の中で、太陽の恵みをいっぱいあびて育ちました。私たちが愛情込めて育てたメロンです」

このようなコピーは、よくあります。きれいな単語が並び、まったく問題ありません。が、**お客様にそのメロンの独自性や、選ぶ理由が伝わりづらい**ですね。

寺坂農園のメロンだと、ＵＳＰは次のようになります。

「食べた方に『おいしいっ』と喜んでほしい。
その一心で、富良野メロン専門の産直農家をしています。
お客様一人ひとりとのつながりを大切にし
１００％生産から直販まで取り組み
育てたメロンはすべて返金保証つきで
全国へお届けする農業をしています。」

これで説明が20秒くらい。どうです？　小学生でもわかりますよね。

大手メーカーの優れたマーケティング、ＵＳＰにはかないませんが、農家としての独自性・特徴・他との違い・ベネフィットが伝わると思います。

ＵＳＰがお客様に伝わると、お客様の感情が「欲しい！」となって行動に移る、つまり購入につながるのです。

直販の場合、極端に言うと、**「なぜ、これを育てて販売するのか？」に明確に答えられるようになってから、その農産物の種まきをする、**くらいの気持ちが必要です。

「ここは○○の産地だから……」「これまでずっと作ってきたから……」漠然と生産していては、お客様に伝えるメッセージも弱いので、マーケットで埋もれてしまうのです。自分の育てた農産物、商品の独自性は何か？ USPを、しっかりと自分に問いかけましょう。

私は「自分で売ることのできない農産物は育てない」と決めています。

「欲しい！」心のスイッチが入るパンフレット作り

お客様は、「読まない」「信じない」「行動しない」。

ではどうすれば、読んでくれて、信じて、行動してくれるのか？ 寺坂農園のDMパッケージを例に、どのように作り、伝えているのかを解説していきましょう。

「北海道からの送料がかかっても、おいしい野菜・果物をお取り寄せして、食を楽しむ」

当農園のお客様は、価格も大切ですが、質を重視し、食を大切にする人が多いのです。そういうお客様に、どんな想いで、どんな商品・サービスを提供できるのか、をしっかり伝えていきます。ただ単に、収穫された農産物の特性を伝えるだけでは、「欲しいっ！」と気持ちが高ぶるまでの情報が足りません。

さらに「誰が売っているか？」も伝えます。その人柄や背景、考え方、感じ方にお客様が共感したとき、「この人の作ったものを買いたい」という気持ちが湧き上がります。

もっと踏み込むと、「どうして売っているのか？」までを伝えます。農業だと「なぜ、これを育てて直販しているか？」という質問になります。

なぜ、そこまで伝えなければいけないのか？

先にも説明したとおり、情報過多で商品、サービスが溢れている時代だからです。**すでに満ち足りているお客様へ、買う理由を明確に伝えなければ購入に結びつかない**のです。

さらには、高額商品になればなるほど、**「人は、知っている人からモノを買う」**。

最たるものは、住宅、保険、車。支払金額が大きくなる高額商品ですね。営業担当者がいて、人間関係をしっかり構築しながら寄り添うように購入サポートをしてくれます。商売の行き着くところはやっぱり**一人ひとりの人とのつながり**になってきます。

しかし、通販を中心とした直販では、実際に人と会い、対面販売でやりとりしながら購入するわけでもないので、クールな商品取引になりがちです。人間関係より効率重視になると、お客様との関係性を深めることができず、購入する理由もなくなってきます。

リアル店舗販売である直売所でも、伝えることは大切です。

「この直売所に行こう！」となるように、来店案内パンフレットやウェブページを制作し、「どんな農園か？　誰が？　どんな想いで？」やっているかを伝えていきます。

では具体的にどうやって伝えていくのか？　寺坂農園のDMパッケージをもとに、

・封筒のティザーコピー
・キャッチコピー
・パンフレット（商品案内チラシ）とコピーライティング
・写真（シズル写真）
・ベネフィットレター
・お客様の声

・ニュースレター（手作り新聞）
・注文用紙

の順に、寺坂農園の取り組みを解説していきます。

封筒とティザーコピー

ティザーとは「じらす人」という意味。ティザーコピーは〝ちょっとだけ見せて興味を引く広告〟という意味になります。

ＤＭが郵送で届いて最初の関門が、「開封してくれるかどうか?」です。「おっ、中を見てみよう」という気持ちになり、開封してもらわないことには読んでもらえません。

ですから、ＤＭ用の封筒を作る場合は、封筒の開封率を上げることをめざして工夫します。せっかくお客様にお届けしたＤＭが、〝ゴミ箱直行〟にならないように作り込んでいくのです。

寺坂農園のＤＭでは、封筒の表に書くコピーは、すべての説明を書ききらずに先をイメージさせるように〝寸止め〟で書きました。「夏のうれしい感動野菜。北海道の旬の味覚が勢ぞろい」と書き、イラストを見て「あぁ、メロンとトウモロコシの案内がきたんだな」と、すぐにわかるようにしました。

DMの封筒

富良野
直送便
2014年度 保存版
夏のうれしい感動野菜
北海道の旬の味覚が勢ぞろい
甘い富良野メロンと
おいしいトウモロコシの
季節がやってきました。
あなたが笑顔になる「あまい」
「おいしい」が育っています。
寺坂祐一
寺坂農園
〒071-0775
北海道空知郡中富良野町東5線北4号
TEL：0120-366-422

ティザーコピー(ちょっと興味をそそるコピー)

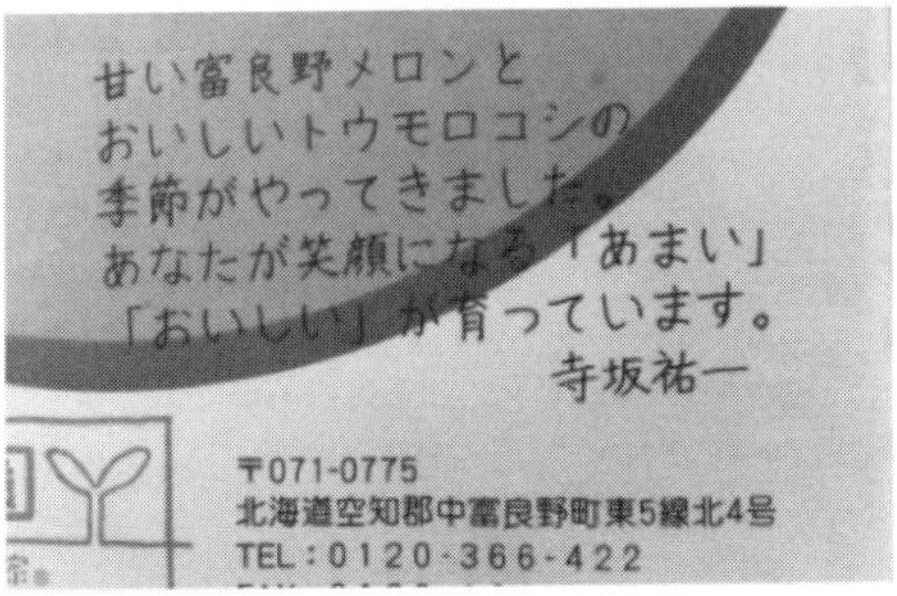
甘い富良野メロンと
おいしいトウモロコシの
季節がやってきました。
あなたが笑顔になる「あまい」
「おいしい」が育っています。
寺坂祐一
〒071-0775
北海道空知郡中富良野町東5線北4号
TEL：0120-366-422

さらには、右下に手書きのメッセージを印刷で掲載。社長である私から、お客様への個人メッセージになるようにコピーを書きました。

もし、もっと開封率を高めたい＝開封して読んでほしい場合は、一通ずつ本当に手書きをしたら、作り手の想いがより一層お客様に伝わります。

当農園は発送枚数が多いので、現在は封筒表に手書きでティザーコピーを書いていませんが、直販をはじめた初期の段階で、50〜200通くらいの発送数でしたら、家族で手分けして、気持ちを込めて手書きメッセージを封筒の表に書くと、手に取ったお客様に気配りや想いが伝わります。開封して読んでもらえる確率も上がるでしょう。

窓空き封筒A4サイズは、特注で印刷会社に作ってもらっています。窓の部分から中に入っている注文書が透けて見えるようになっていて、お客様の住所・名前がこの透明な窓の部分に出るようになっています。

昔は、宛名が印刷されたタックシールを貼っていました。これは手間が掛かるのと、中に入れるお客様情報記載済みの注文書が、宛名タックシールがずれて入れ違いになる事故が発生するので、窓空き封筒を使うようにしました。

DMの郵送数が少ないときは、〝宛名部分〟も手書きにすると、人の温かさが伝わって開封してもらえる率がアップするでしょう。

キャッチコピー

パンフレット・チラシで一番大事なのが、見出しとなるキャッチコピーです。ヘッドラインとも言います。

パンフレット全体を読んでもらえるかどうかを決める、とても重要な部分です。ダイレクト・マーケティングをしている会社や通販会社は、このキャッチコピーに全力を投入していると言っても過言ではありません。

読んで、「えっ⁉　何それ？」と思えるくらい興味が湧き、具体的にベネフィットを感じられるキャッチコピーだと合格です。

そこで、「どんな人に、何を提供するのか？」が明確に伝わるようなキャッチコピーを考えます。

寺坂農園のメロンを購入するお客様は、どんなお客様か考えてみると……。

・お取り寄せしてでも、おいしいメロンを食べたい
・お中元ギフトで、相手に喜ばれるものをお届けしたい

この2つになります。この対象となるお客様に、キャッチコピーでベネフィットを伝えられれば、お客様の興味をつかめるのです。

寺坂農園では、すでに一度以上購入されている、ある程度の関係性を築けているお客様に対してDMをお届けしているので、ひねりのある強烈なキャッチコピーを載せる必要はありません。

今では、掲載許可をいただいた上で、「お客様の声」をキャッチコピーに使っています。

「今まで食べたメロンが何だったのかと思うほど美味しいメロンでした。」

えぇ〜⁉　どれだけおいしいの？　と、興味を引くキャッチコピーになっていませんか？　お客様の本当の声なので、真実味も伝わります。

左真ん中の部分には、お客様の声が〝本物である〟証拠として、画像を掲載。さらに真実であるということを重ねて伝えています。

「うぁ〜、どんなメロンなんだろう？」と、パンフレットのページをめくりたくなるようなキャッチコピーだと合格です。

キャッチコピーで、「どんな人に、どんな未来がくるのか、どんなベネフィットがあるのか」を伝えると、興味を持ってくれたお客様が「どういうものなんだろう？」と、次に続く文章や、パンフレットの中身を読み進めてくれるのです。

メロンとトウモロコシのパンフレット

パンフレット（商品案内チラシ）とコピーライティング

コピーライティングとは、「商品・サービスの魅力を伝える説明文を書くこと」です。

これも専門書が多く出ている、大切な部分です。

コピーライティングのテクニック、ノウハウはたくさんありますが、あまり難しく考えないようにしています。私が気をつけているのは、キャッチコピーでベネフィットを伝え、本文を読みはじめたお客様に、

「なぜ、作っているのか？」

「どのように育てているのか？」

「なぜ、○○○をやっているのか？」

を丁寧に説明していくことです。

先に説明したとおり、お客様はパンフレットをなかなか読んでくれません。

では、どうしたら読んでくれるか？

その農産物に物語・ストーリーがあると読み進めたくなるのです。映画や小説がそうですよね。物語があるから、読み進めたくなります。

お届けする農産物にまつわる物語を伝えると、お客様の〝体験〟にもなって、〝共感〟

パンフレットで「寺坂農園のこだわり」を説明

「おいしいっ！」と喜ばれる６つの理由とは

その1 土作りでそこまでやるか！？

やっぱり大切なのは土作り。メロンの根が元気に伸びて、しっかりと根を張るには柔らかくフワフワの土が必要です。

メロンの収穫が終わるとすぐに、来年に向けて土作りが始まります。“緑肥”として、ヒマワリとエン麦の種をまき育てて、晩秋に土の中に耕し込みます。緑肥を土の中に耕し込むことによって、繊維質（有機物）が大量に投入されるので、柔らかくて健康な土になっていきます。

きめ細やかな果肉で舌ざわりがよく、とろける食感のメロンを作るには、フワフワの柔らかい土作りが重要になります。

えん麦とヒマワリ！

その2 自家製 発酵肥料を作る理由

寺坂農園の肥料は自家製！肥料作りにもこだわっています。

米ぬか、魚粉、大豆かすなどの自然素材を混ぜ合わせて発酵させた「ボカシ肥」を自家製造。こだわりの有機肥料を使ったメロン栽培です。

メロンが健康に育つので、病気や害虫に強くなり、減農薬にもつながっています。発酵のさせ方が難しいぼかし肥作りですが、あなたにおいしいメロンをお届けするため、てまひまかけて育てました。手作り肥料で育ったメロンから生まれる芳醇な香り、ジューシーな果汁を十分に楽しんでください。

すごい蒸気！発酵すると50度ぐらいまで温度があがります！

その3 徹底的に安心・安全を！

「食べる人の健康を考えて」寺坂農園は徹底した農薬削減を実現！北海道は冷涼な気候のため、都府県に比べ農薬使用量は1/3といわれているなか、寺坂農園ではさらに農薬使用量約1/4の減農薬を実現しました。

有機農業先進国のアメリカ製「静電噴霧機」使用し、超少量散布をしています。あなたに直接お届けする産直農家だからこそ、安心・安全をお届けするため、超減農薬で育てています。

食後のデザートとして、または大切な方への贈り物として、安心してご注文できます。

その4 甘いメロンをお届けするために

ハウス1棟ごとに何玉かメロンを収穫。糖度計でしっかり計り、常に生育状態をチェックし、糖度がしっかりのっているハウスの甘くなったメロンだけを収穫しています。

細心の注意を払っていますが、糖度不足のメロンが混入する可能性が無いとは断言できません。万が一、甘くないメロンが届いた時はすぐにお知らせください。誠意を持って対応させて頂きます。

寺坂農園では常に糖度14度以上のメロンを目指しています！

時には糖度16度を超えるメロンも！

その5 限界まで収穫しない理由とは

寺坂農園で育てるメロンの収穫の基準は『割れるギリギリまで、ツルにならせておいて食味と糖度を限界まで上げる。』という、ルールを徹底しています。

割れてしまうと売り物にならないためほとんどの農家さんはこんなことしません。「もう少し早く収穫したら？」との指摘はよく受けるのです。まったくその通りで、2日早く収穫しても、糖度も食味もまずまずOKです。

しかし、寺坂農園では割れメロンがでるリスクを覚悟の上で、ギリギリまでメロンを収穫しないで糖度をのせます。ほんのわずかの違いかもしれませんが、できることは全部やって、最高のメロンをお届けしようと日々取り組んでいます。

品種によって割れる場所も違うんです！

その6 食べ頃にもうるさい農園

メロンの食べ頃を「食べ頃カード」でご確認ください！

メロンは収穫から食べ頃になるまで、追熟期間があります。やわらかく、おいしいメロンは食べ頃の見極めが重要です！

「食べ頃カード」にはメロンの食べ頃の目安はもちろんのこと、食べ頃になったメロンの見分け方も書かれています。

メロンの食べ頃は品種によってある程度決まっていますが、個体差があり食べ頃の目安の日より追熟が早かったり遅かったりします。

カードに書いてある食べ頃の目安と見分け方も参考にして頂ければ、あなたのお好みのやわらかさでメロンをお召し上がり頂けます。私たちが育てたメロンを一番おいしいタイミングで食べていただきたいです。

食べ頃カード

4

が生まれて、「欲しい」という気持ちにつながっていくのです。

農産物の生産・直販には、かならず物語があるはずです。それを率直に伝えましょう。

そしてさらに大切なのが、**そのことによって、お客様にどんないいこと（ベネフィット）があるのか？**　までをしっかり伝えることです。

私が直販をしている理由は、お客様に「おいしい」と喜んでほしいから。メロンの直販を例にすると、農業では土作りは当たり前ですが、パンフレットでただ「土作りをしています」でイメージアップを図るのではなく、

「土作りをすることによって、お客様にどんないいことがあるのか？」

そこまで伝えていきます。

パンフレットの「その2　自家製　発酵肥料を作る理由」では、どのような土作りに取り組んでいるのかを説明し、最後にそれによって得られるベネフィット、

「手作り肥料で育ったメロンから生まれる芳醇な香り、ジューシーな果汁を十分に楽しんでください」

と伝えています。

「その3」は農薬についての説明で、いまどき「安心・安全にこだわる」のは当たり前

で当然のことですが、「なぜ、より一層農薬を減らしているのか？」から「そのことによるベネフィット」を伝えています。農薬を減らして栽培することによって、「食後のデザートとして、または大切な方への贈り物として安心してご注文できます」自分で食べるお客様、大切な方へのギフトとして注文してくださったお客様、両方にベネフィットを伝えているのです。

ただ「○○をしています」「○○に愛情込めて育てています」と書くだけでは不十分。お客様に来る未来、幸せを想いながらコピーを書くと、お客様の心に響いていきます。

写真（シズル写真）

野菜や果物のおいしさを伝えるのに、文章（コピー）も大切ですが、同じくらいに大切なのが**写真**です！　**シズル写真**です!!

シズル写真とは、「シズル感を感じさせる写真」のこと。簡単に言うと「おいしそう！食べたいっ！」と感じる写真、思わずヨダレが出てくるような写真です。

これ、本当に大事です。

1枚の写真は、場合によってはどんなコピーより強力です。有名なインターネットショッピングモールで人気のある商品は、すべてプロの食品撮影専門のカメラマンが撮影しているほどです。頼んだら1ショットいくらするのでしょうか。それほどのコストを掛ける価値があるのが、シズル写真なのです。パンフレットやレストランのメニューの〝おいしそうな写真〟を見て、思わず注文しちゃうこと、ありますよね。

簡単にとらえると、文章の場合、一度理解してからイメージに進むのに対して、シズル写真は「本能直撃」ということです。おいしそうな写真には、それだけ力があるのです。「おいしそうな写真」は、農家の直販では必須です！

野菜をカットしたフレッシュな写真、みずみずしい写真など、今はデジタルカメラの性能がいいので、素人の私でもなかなかの写真が撮れます。スマホのカメラも高性能なので、十分においしそうな写真が撮れます。インターネットで「食品　撮影　コツ」と検索すると参考になる記事がたくさん出てくるので、勉強・実践してみてください。格段に「おいしそうな写真」を撮影できるようになります。

パンフレットに載せる写真でもうひとつ、大切なことがあります。

特に野菜の直販では、お客様は**野菜を買っているのではない**ということを覚えておいて

パンフレットのおいしそうな料理写真

ください。「野菜を使って料理して、食べて楽しむ体験」を買っているのです。そう、未来を買っているのです。

ですから、野菜を使って作った料理の写真＝得られる未来の写真を掲載するのがポイント。お客様にとってもわかりやすくベネフィットを伝えることができます。

当農園のカボチャを例にすると、〝カボチャを売っている〟のではなく、〝カボチャを使っておいしい料理を作り、家族も喜び自分もおいしく楽しめる〟体験を売っている、と考えます。

ですから、〝カボチャ1個〟の外観写真だけではなく、カボチャアイスやカボチャプリンのおいしそうな写真も載せています。

お客様が未来で体験する幸せを、写真で表

現して伝えましょう。

ベネフィットレター

「このDMをなぜ、あなたにお届けしたのか？」

お客様に対する気持ちを込めた手紙。お客様の得られるベネフィットを伝えるレターです。

ちょっと昔は、セールスレターと言われていたのですが、セールス（売り込み）されてうれしい人はいませんよね？　ですから、絶対にお客様に売り込んではいけません。

DMパッケージの中でベネフィットレター、これが一番大切です。もうね、「愛するお客様へのラブレター」だと思ってもいいくらいです。それくらい率直に想いを込めて書きましょう。

私は手書きした原稿をスキャンして印刷し、リアリティを追求しています。本当は全部手書きしたいくらいの気持ちですが、郵送数が多いと難しいですね。用紙はちょっと高級に、手紙に使われるようなもの（このときは、アラベールホワイト70kg）を選んでいます。

ベネフィットレターの最後の部分で、しっかりと、このDMパッケージに込められた想

ベネフィットレター

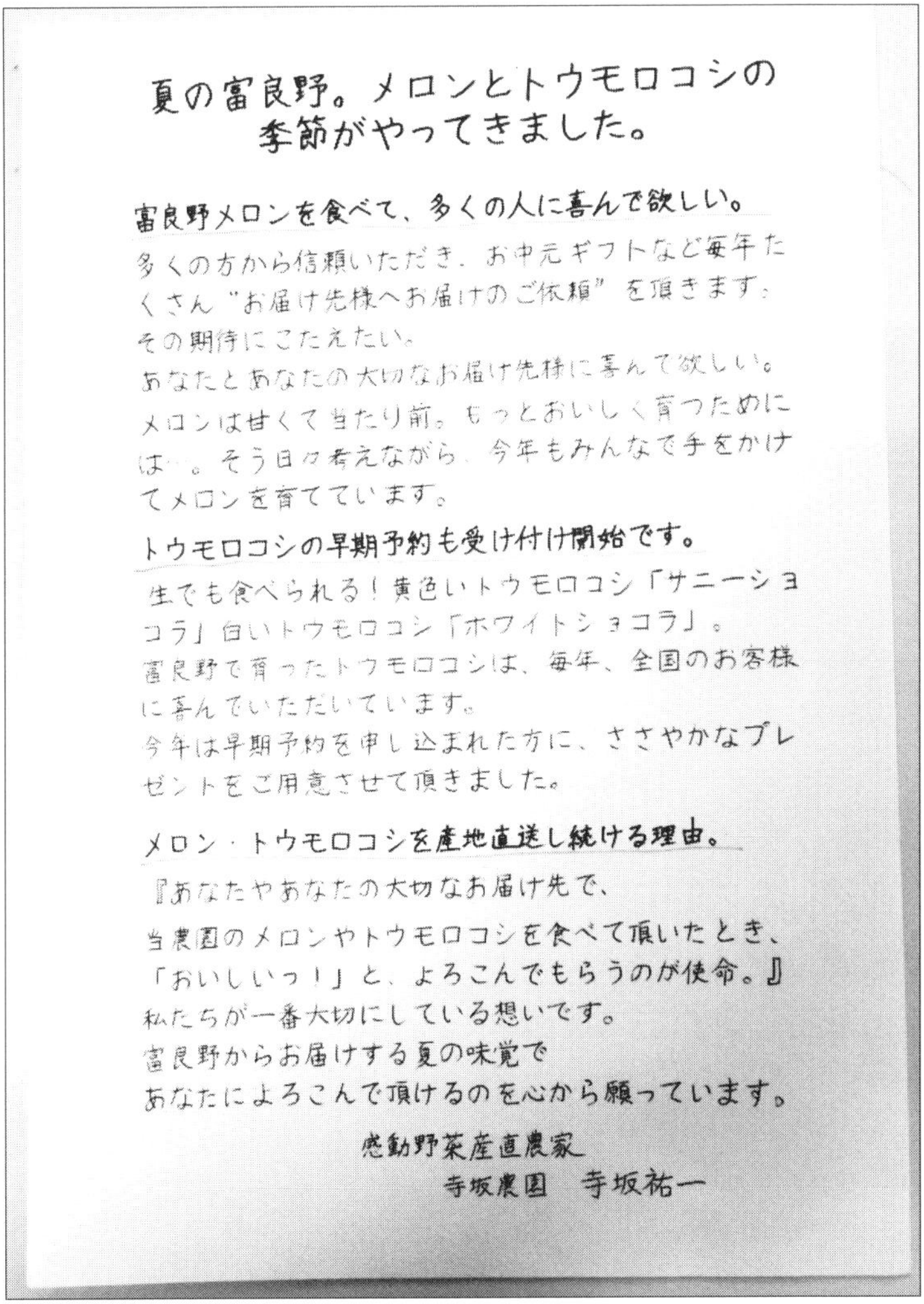

夏の富良野。メロンとトウモロコシの
季節がやってきました。

富良野メロンを食べて、多くの人に喜んで欲しい。

多くの方から信頼いただき、お中元ギフトなど毎年たくさん"お届け先様へお届けのご依頼"を頂きます。
その期待にこたえたい。
あなたとあなたの大切なお届け先様に喜んで欲しい。
メロンは甘くて当たり前。もっとおいしく育つためには…。そう日々考えながら、今年もみんなで手をかけてメロンを育てています。

トウモロコシの早期予約も受け付け開始です。

生でも食べられる！黄色いトウモロコシ「サニーショコラ」白いトウモロコシ「ホワイトショコラ」。
富良野で育ったトウモロコシは、毎年、全国のお客様に喜んでいただいています。
今年は早期予約を申し込まれた方に、ささやかなプレゼントをご用意させて頂きました。

メロン・トウモロコシを産地直送し続ける理由。

『あなたやあなたの大切なお届け先で、
当農園のメロンやトウモロコシを食べて頂いたとき、
「おいしいっ！」と、よろこんでもらうのが使命。』
私たちが一番大切にしている想いです。
富良野からお届けする夏の味覚で
あなたによろこんで頂けるのを心から願っています。

感動野菜産直農家
寺坂農園　寺坂祐一

いを伝えます。

「『あなたやあなたの大切なお届け先で、当農園のメロンやトウモロコシを食べて頂いたとき、「おいしいっ！」とよろこんでもらうのが使命。』私たちが一番大切にしている想いです。富良野からお届けする夏の味覚で、あなたによろこんで頂けるのを心から願っています」

レターの中では、「お客様」ではなく「あなた」という言葉を使い、個人的なメッセージとして伝えましょう。

「お客様」「みなさん」など複数に対するメッセージでは、読んだ人が〝自分のこと〟に感じられません。「あなたに」「あなたへ」と想いを込めて、ラブレターのようにメッセージを書きます。

そして、DMパッケージに入れるパンフレットなど、すべてこのレターに書かれた内容に沿って作ります。すると、読まれるお客様の気持ちが集中して、スーッと心に伝わるDMになるはずです。

もしあなたが「今、DMを作って郵送している」のでしたら、このベネフィットレターを同封するだけで、お客様に想いをより伝えることができて、注文の量（成約率）が上がってくるはずです。ぜひ、やってみてください。

お客様の声

お客様は信じない。読んでくれても「またまたぁ〜、うまいこと書いて〜」と信じてはくれません。

だからと言って、私たち生産者が「おいしいよ！　うまいよ！」と書いて売ろうとするほど、「売り込み」になってしまい逆効果です。上手にパンフレットを作り、読んでくれたお客様が「買おうかな？」となったと同時に、一方で、心のブレーキが作動します。

「本当においしいの？　大丈夫なの？」

お客様は損をしたくありません。失敗したくないのです。

ですから、ここで証拠を提示しましょう。お客様の声をそのまま掲載し伝えるのです。

昔は、お客様の声はテキスト入力して印刷していたのですが、より一層、うそ偽りなく感じてもらえるように、今ではいただいた感想ハガキをそのままスキャンした写真を掲載しています。

イラストも取り混ぜることで、個性も伝わりますよね。

お客様の声をイラストとともに載せる

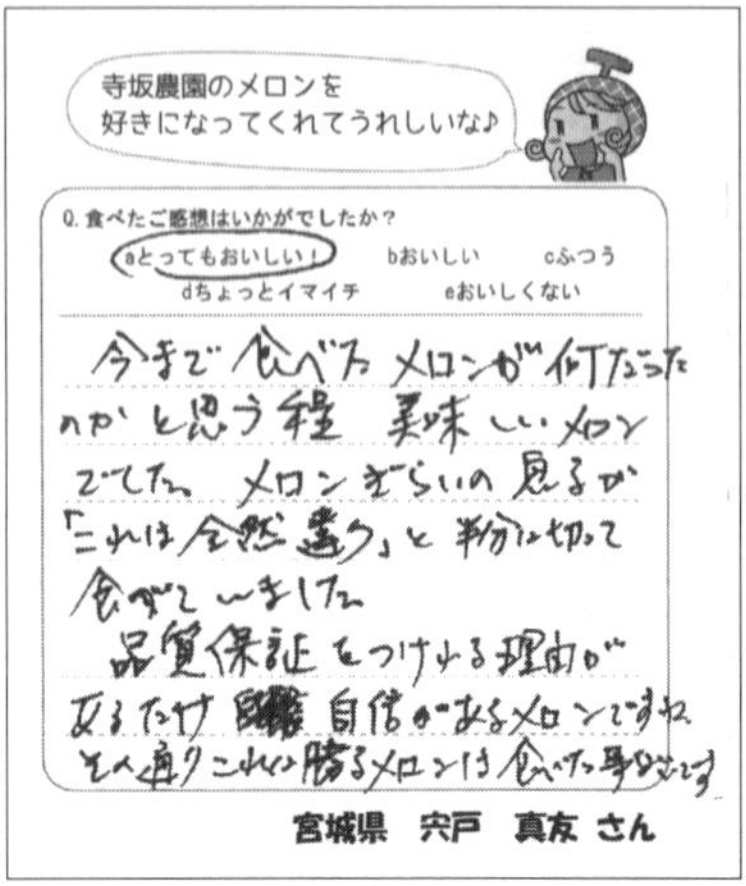

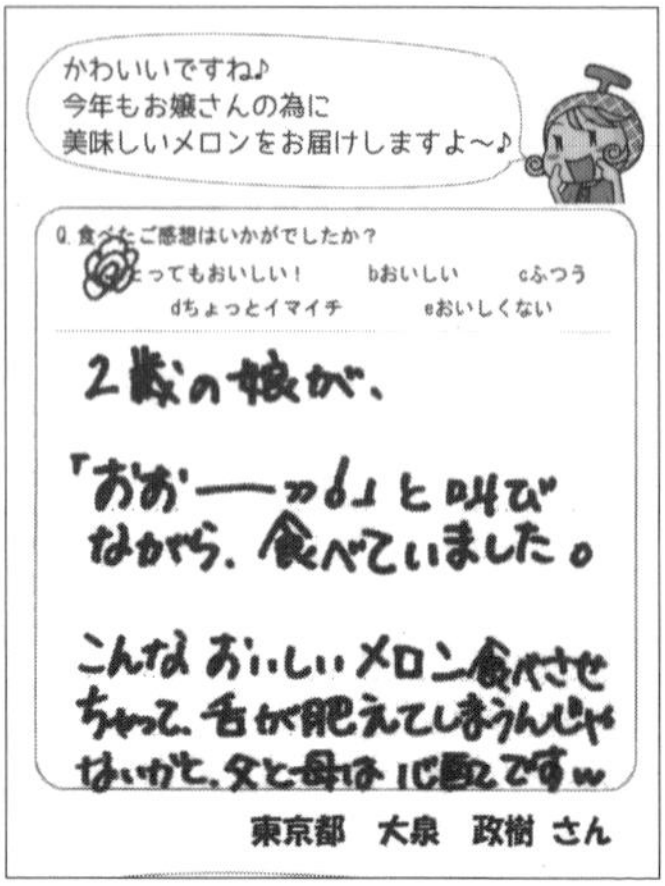

お客様の声は量も大事です。たくさん載せることによって、「通販の買い物で失敗したくない」という不安を取り除くことができます。これもお客様に対する配慮、愛です。

お客様の声は大切です。直販をはじめたら、真っ先に、**お客様の声を集める努力**を開始しましょう。そして、集まったうれしいご感想をそのまま他のお客様に伝えましょう。

さらに、ブログやフェイスブックでも伝えていきましょう！

ニュースレター（手作り新聞）

これも重要なパーツです！　個人的なことも含めて農園の様子をニュースレターで伝えていきます。ダイレクト・マーケティングでは基本の構成パーツです。

なぜなら直接お客様と会うことのない通販は、商品発送・代金決済のプロセスの中で〝人の温かみ〟が感じづらいから。ですからニュースレターを通じて人間性を伝えていきます。

大切なことなので繰り返しますが、

高額商品になればなるほど、人は、知っている人からモノを買う

のは先に説明したとおりです。紙媒体のDMならニュースレターを同封。ウェブショップでしたらブログやフェイスブックに力を入れて、商品周辺のいろんなことを伝えていきましょう。フェイスブックへの投稿については後の章で説明しますので、ここでは「ニュースレターに何を書いたらいいか？」、当農園の事例をあげてみます。

季節の話題、趣味、嫁さんのコーナー、加工食品開発物語、クイズ（プレゼント企画）、農業機械の話、メロンの生育状況、栽培で失敗した話、読んだ本、見た映画の感想など……できる範囲内で、自己開示していきましょう。

断言しますが、ニュースレターの発行をはじめただけで、奇跡が起きます。

お客様からいただく電話の声、トーンがやわらかくなります。お客様がフレンドリーに電話をかけてきてくれるようになるのです。これには驚きでした。

クレームの電話を受けても、お怒りの度合が違うのです。

具体的に言うと、ニュースレターを実施していなかった時期に、メロンの甘みが薄いというクレームがあると、

「あぁ、メロン甘くなかったんだけど、どうゆうこと⁉」

と、冷たい言葉でお怒り具合がひしひしと伝わってきました。

ところが、DM郵送時にニュースレターを毎回入れるようにしたところ、

「今回届いたメロン、ちょっと甘み薄かったんだけど、農家さんも大変よね〜」

といったように、こちら側に配慮のあるやわらかい口調のクレームになるのです！　これには驚きました。

直販する農産物の〝まわりの情報〟も知ることによって、親近感が湧いてくるのでしょう。こうなると直販のおもしろさも増してきます。ファンが増えて、しっかりつながっていくような感覚を覚えました。

ニュースレターをお送りしている全国2万人の皆さんの人柄や背景を、こちらが知ることはできませんが、2万人のお客様は皆さん、私や、寺坂農園のことをよく知ってくれている状態なのです。知ってくれていて心の距離が縮まっているお客様には、販売しやすいですよね。

寺坂農園のニュースレター

寺坂農園ニュースレター

メロン畑通信

北海道・富良野のメロン畑からの情報発信です！

第35号
平成26年6月
発行　寺坂農園
？不定期発行？

富良野の春。今年はいい天気♪

こんにちは。寺坂祐一です！5月1日にこの記事を書いてます。

世間は連休ですが、北海道の農業は春作業・まき付けの季節。

好天が続き一気に作業がスタートしています。

去年・一昨年と春の天候が良くなく…メロンの生育にも大きく影響した春の悪夢がよみがえる私。

実は4月上旬まではほどほどに日が照りますが、冷たい北風が吹き続け、とても寒い日が続きました。

これはまた、寒い春になるのかっ！と、不安になりましたが4月中旬から一気に暖かくなり、連日晴天続き＼(^o^)／

メロンもグンッと生育がすすみ、ルンルン気分でお仕事しています。よかったぁ～。

周りの玉ねぎ農家さん、野菜農家さんも仕事が進んでいいとこづくめ…。そしたら…あれ、今度は雨が降らない(T_T)

メロン農家の寺坂農園は、ビニールハウス内でメロンとアスパラガスを育てているだけなので、水やりは灌水設備で対応可能。ですが、畑に植えられた玉ねぎの苗とか、伸びようとしている小麦などは、畑がカラッカラにかわいてかわいそう。

なかなかすべてがうまくいくような天候になりませんね。

どんな天候になっても、設備と管理技術と愛情をもって、甘くておいしいメロンを育てていきます。

さあ、今回もよろしくお願いします！

相棒だった、トラクターとのお別れ・・・

イセキトラクター　TA320
フロントローダー付き　H元年
３２ｐｓ　4000h稼働
余剰となったので中古農機具として売りに出すことになりました。とっても土にやさしい、接地圧の低いハーフクローラーのトラクターを導入したためです。

うぅ～。お別れは悲しい(T_T)

思い返すと23年前。平成3年。私が農家に入ったときに父と祖父が買ってくれたトラクターなのだっ！

当時はこれで、田んぼ、耕しまくったなぁ～

メロンのビニールハウス内作業、肥料蒔き、稲ワラ集め。

冬はフロントローダーが大活躍。除雪でも大活躍でした。

4輪駆動だから、ぬかるみにも強く雪が降ってもバッチリ。

物運びもバリバリでした。大きな故障もなく、23年間よく働いてくれました。感謝の気持ちでいっぱいです。

ずーっと置いておきたいけど、フロントローダーは今の栽培体系では使うことがなく、維持費もかかってくると思うので涙をのんで売却を決断。

次のオーナーさんの元で元気に活躍してほしい。イセキトラクターTA320、23年間本当に今までありがとう！

こだわり農民
寺坂祐一

ついに41才　射手座
典型的なB型
趣味は読書・映画鑑賞・登山など…

4月30日にメロンの雌花が咲きました！

メロンの赤ちゃん（雌しべ）の写真です。産毛に覆われていてかわいい♪ですね。雌花が咲いたということは…収穫日がほぼ決定！6月20日が予想日になります。楽しみです！

でも、これから収穫までの50日間、整枝作業・温度管理。緊張感をもって育て続けます。

10日間ずつずらして13棟をまき、収穫は9月上旬まであるのです。

おいしいメロン作り。まだまだ続きます！

富良野の日の出。4月22日　5:10
十勝岳連峰、富良野岳山頂付近から

41才の春を迎え、つくづく思うのは…。

『私たちは、太陽からの光のエネルギーで生きている』ということ。去年は日照不足で大変でした。朝、温かい太陽光線をあびながらラジオ体操。光合成をしながら育つ植物・農産物。太陽からの恵に感謝です(^人^)

ニュースレターの発行、やらない手はありません。

注文用紙

注文用紙もお客様がわかりやすく、そして書きやすいように作り込んでいきます。その理由は何度もご説明しているように、**お客様は行動しない**からです。今は誰もが忙しくて、そもそも注文書を書くことすら面倒なのです。

ですから、細部にわたってわかりやすく、しかも簡単に楽に記入が終わるような注文書が理想です。

当農園では、あらかじめ注文用紙のご依頼主欄には、住所・名前・電話番号を印刷してお届けしているので、お客様自身が記入する必要はありません。

また、お中元ギフト需要に合わせたメロンのＤＭキャンペーンでは、発送先の欄に「過去の発送データ（住所・名前・電話番号）」が印刷された状態でお届けしています。

ですから極端な場合だと、注文用紙を取り出して、ボールペンを持ったら、

支払い方法に○をつける↓商品のサイズを記入↓数量・金額を記入↓お届け時間帯希望に○をつける↓ＦＡＸ送信↓注文完了

ご依頼主欄に、あらかじめ住所・名前・電話番号を印刷した注文用紙

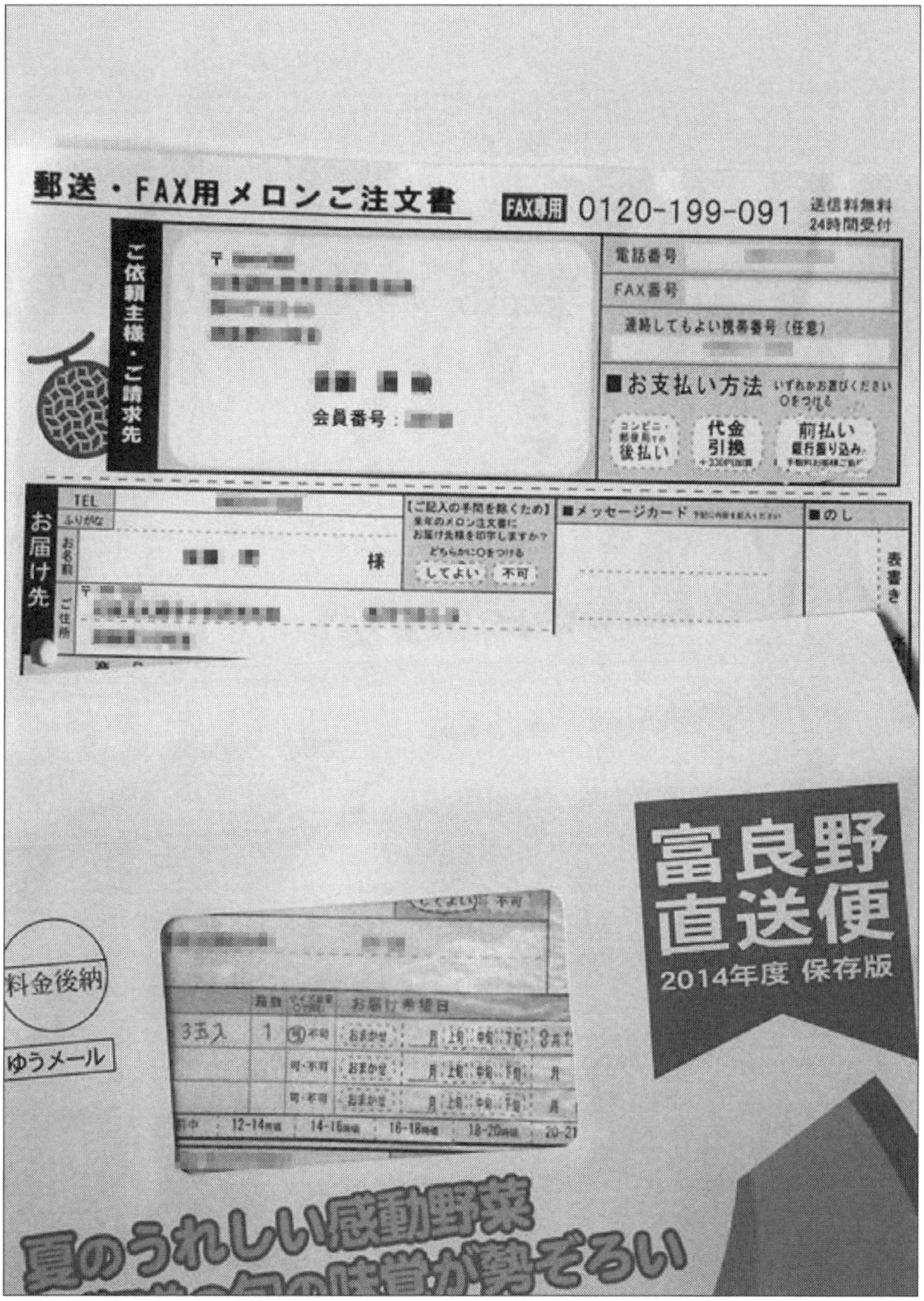

あっと言う間に注文できるようになっています。

いろんな通販会社からお取り寄せをして、申込用紙を自分で書いてみて、書きやすいかどうかを確認しながら、毎年少しずつ注文用紙を改善していきました。

「めんどくさいから、注文は後にしよう」。机にポンッと置かれないように、お客様がスムーズに注文しやすいよう配慮し、考え抜いた注文用紙を作り、DMパッケージに同封しましょう。これも注文数増加につながる大切なことです。


以上、DMパッケージについて封筒から注文用紙まで解説しました。奥の深さ、おもしろさを感じていただけたでしょうか？　お客様に対する愛のある配慮を持って、できるところからマネして伝わるDMを作ってみてください。

お客様にもっと知ってもらえる方法「オファー」

オファーとは、〝提供するもの〟のことです。オファーを使って、お客様にもっと商品のことを知ってもらい、しかも注文が増える方法があるのです。

当農園は6月上旬にお客様に向けて、メロンとトウモロコシのDMを郵送しています。メロンの収穫・発送開始は6月下旬からなので、タイミングがいいのですが、トウモロコシの収穫・発送は9月まで待たなければなりません。

そこで、早期に申し込んでいただいた方に限り、

「トウモロコシドレッシング　ミニボトルプレゼント」6月30日受付分まで！

というオファーをつけたキャンペーンを実施しました。期間を限定しているので、収穫・発送まで日にちがかかるにもかかわらず、順調にご注文をいただけます。

「早くにご注文いただけて助かります。感謝の気持ちとしてドレッシングをプレゼントさせてください」というスタンスです。オファーを通じて、お客様への感謝の気持ちを表わしているのです。

オファーをつけるメリットは3つあります。

早期にトウモロコシの注文をいただけるので、受注処理業務を先行できて、収穫量と発送量の見込みが早く立つこと。

そして、オファーする商品は自分のところで作っているので、費用が「原価＋手間代」

オファーの載ったパンフレット

ですむこと。

もうひとつは、当農園のトウモロコシドレッシングの味を知ってもらえること。これが大きいのです。

当農園の手作りドレッシングはこだわり路線で、1本200mlで800円もします。単価が高いので、さすがに1～2年目は売れ行きが伸びませんでした。そこでまずは、オファーとしてお客様に提供し続けることにしたのです。プレゼントのドレッシングを食べていただければ、お客様にその味を知ってもらえることになります。

すると翌年、野菜やメロンの注文ついでにドレッシングも購入してくださる方が増えたのです。当然、1回の注文あたりの購入単価は上昇しました。

一度食べて、味を知っている人には売りやすいという典型的事例ですね。

オファーに関しては、以前、失敗したこともありました。

〝値引きオファー〟はよくありません。

数年前、「グリーンアスパラガスを早期予約の方に5％割引」というオファーをつけました。スーパーやギフトショップがやっていることをそのままマネたのです。たしかに、申し込み期限まで順調に注文が来ました。

後ほど値引き額の総額を出すと……なんと45万円になりました。

えっ⁉　45万円‼　売上が45万円減るのは当然ですが、よく考えてみると値引きなので、経費は変わらず、そのまま利益も45万円減るのです。

農業関係の方ならおわかりでしょうが、45万円の純利益を出そうとしたら、いったいどれだけ農産物を生産しなきゃならないのか。純利益が20％だとしても、225万円分の農産物を生産・出荷しなければなりません。これはものすごく大変なことです。

値引きは、そのまま利益が減ってしまうことなんだと、値引き販売の怖さを学ぶいい勉強になりました。

中小零細企業は値引き戦略を取ってはいけないのです。あなたも気をつけてくださいね。

値引きではなく、オファーをつけるとお客様も喜び、こちらの商品も知ってもらえて注文数（反応率）も伸びます。クリエイティブにあなたの農園に合ったキャンペーンを考えてチャレンジしてみましょう。

「返金保証」をつけるのは当たり前

直販でお届けする商品に、返金保証をつける理由は明確です。繰り返しになりますが、「おいしい！」と喜んでほしくて農家直販に取り組んでいるからです。

「ちょっとメロンの甘さ、イマイチだったよ」

お客様がそう感じた場合には、泣き寝入りすることなく遠慮なく連絡してほしい、と訴えています。商品に同梱しているリーフレットにも書いてあります。連絡していただけたほうが、こちらとしてもお届け先での実情を確認できて、改善につなげることができるからです。

ですから当農園では、クレームのことを「ハッピーコール」と呼んでいます。業務・品質改善につながる貴重な情報だからです。

「社長！　ハッピーきました！」「おっ、どんな内容だ？」という会話が事務所内で繰り広げられています。

メロン専門の当農園は、栽培技術、メロンの品質ともに高く安定していると自負しています。ですが、どうしてもバラツキが出ることがあり、外観では見分けがつかず、品質不十分なものが混入することがあるのです。

通販業界では、メロンはクレーム商品。スイカやカボチャもクレームが出やすいようです。カニや魚など海産物もクレーム商品とのこと。こういった商品の場合、品質を上げる努力を続けるのは当然として、もう覚悟を決めて事後の対応で勝負するしかありません。

連絡をくださったお客様から、しっかり状況をお聞かせいただいた上で、商品の再発送か返金対応をさせていただきます。当農園ではメロンや野菜の品質でクレームがきた場合、まず、同じ商品を再発送するチャンスを一度いただきます。

再度発送して、それでも品質に納得いただけない場合は、全額返金（後払いの場合は支払いなし）とさせていただいています。

すると、「ここまでの対応をしてくれるんだ」と、お客様は安心して寺坂農園に注文す

「全額返金保証」の告知

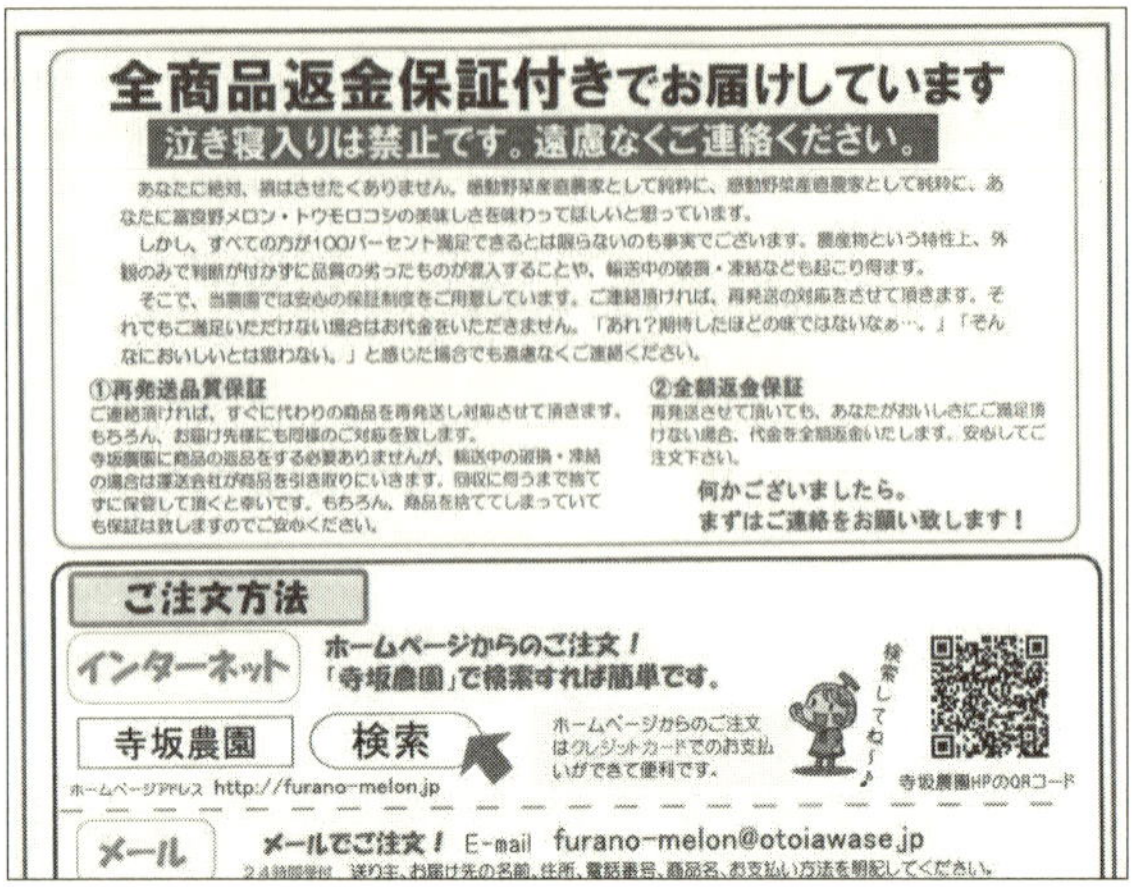

ることができます。

「お取り寄せ通販で失敗するかもしれない。損するかも」

というお客様のリスクを、あらかじめ農園側が背負ってあげるのです。これもお客様を想う愛から生まれる配慮です！

農家の直販をテーマにした講演で、返金保証の話をすると、次の質問がよく出ます。

「返金保証なんてつけて、大丈夫なんですか？『おいしくなかった』とウソをついてお金を払わない人とか、出るんじゃないですか？」

「日本はいい国ですから、そういう人はいないですよー」と答えたいところですが……、残念ながらいます。

ですが、それはごく少数です。ほんとうに

悪意を持って返金を要求する人は滅多にいません。そういう悪意のある方は、やりとりしている段階でわかってきますので、取引を停止させていただき、顧客リストから外します。実際のところ、全額返金保証の金額は、当農園で仮に1000万円の直販をした場合に1万円程度です。ほとんどは商品の再発送で、お客様に納得・満足していただいています。

お客様の「失敗するかもしれない不安」を当農園が背負う。

「お客様の満足を最優先に直販していこう」という気持ちは、きっとお客様に伝わります。

一番悩むのが「価格設定」

農家にとって一番悩むところが価格設定ですが、安易に安売りしてはいけません。

ダイレクト・マーケティングでの売上の方程式で〝単価〟は重要な売上構成要素。だからと言って、高い値段をつければいいのか？　そうともならないから悩みますね……。

農産物ですから、工業製品のように、製造原価を積み上げて価格を設定すればいいとはなりません。商売のように、「仕入れ値がいくらだから、販売単価はいくら」とすることもできないですよね。

また、今ではどんな商品でも、地域ごとの相場や競合の価格まで、ネットですぐに知ることができますから、そこでもまた悩んでしまいます。でも、だいたいの相場感覚はつかめると思います。


私が率直に感じるのは、農家だけに限ったことではありませんが、**商品の価格設定には、その人のセルフイメージが影響する**ということです。セルフイメージとは、自己認識、「自分が思い込んでいる自分」。簡単に言うと〝自信〟ですね。この度合が価格に絶大な影響を及ぼします。


ですから中小零細企業ですと、社長・経営者のセルフイメージが、その会社の売上・業績に影響しているはずです。自分自身と商品に自信があれば、価格も高く設定できますし、逆に自信がなければ価格を安くしてしまうのは、当然ですよね。

セルフイメージが低い人は、価格設定も弱気ですし、ひどい場合は、頼んでもいないのに請求書を出すときに「値引きしておきましたから」と、価格を下げてくれたりします。

そんな経験、あなたもありますよね？

私自身もそうでした。最初、メロン直売所と通販による直販をはじめたときは、「おそるおそる」でした。本当にドキドキしました。

そんな心の状態ですから、当然、高い価格をつけられません。当初、まだ若くて不安でいっぱいだった頃は、２玉入りで３９００円（送料込み）でメロンを販売していたのです。

その後は、原油価格の上昇や生産資材の値上げ、ビニールハウスの増設や消費税導入など、理由をしっかり説明した上で、価格を再設定してきました。４回ほど値上げしましたが、「注文が減るのではないか？」という不安は外れ、売上は順調に伸び続けました。

今ではメロン２玉入りで５１５０円＋送料９８０円で合計６１３０円となっています。それでも売り切れでお客様にご迷惑をおかけするほどで、ありがたい限りです。

振り返ると、直販をはじめてから16年間で57％も値上げしたことになります。もし、私のセルフイメージが低いままで、怖くて値上げができなかったら、売上は今よりも57％も低いことになります！　これでは経営は厳しいままで、この本を書くこともなかったでしょう。今の仲間にも出会えず、社員・パートさんを雇うこともできず、経営規模も小さなままだったでしょう。恐ろしいことです。

直販の場合は、経営者のセルフイメージと価格設定が売上に多大な影響を及ぼすことが、これでわかりますね。

では、どうすれば価格を高く設定できるのか？　価格を上げる要素を説明しましょう。

・経営理念を明確にし、パンフレットやチラシで想いをしっかり伝える
・パッケージに高級感を出す（見た目は大事です！）
・高品質であること（おいしさの追求は永遠です！）
・ブランディングに取り組む（地道にファンを作っていきましょう！）
・ＤＭの完成度を高める
・アップセル（野菜を買ったついでに「ドレッシングもいかがですか？」と紹介するなど）
・ギフトセットの販売（お客様のギフト需要を取り込んで、１回の注文金額を上げる）
・接客対応力を磨く（直売所、電話、メールでも接客対応がいいとお客様満足度がアップ）

などなど、要は**お客様満足度を上げる**ことなので、やれることは無限にあると言えます。お客様満足度を高めるための施策に地道に取り組み続けることで、他からではなく「あなたから買いたい」となって、価格は二の次になっていきます。

自信を持って直販に取り組みましょう！

4章

お客様との関係性を深め、ファンが増え続ける農家になる

一度売って、それで安心してはいけない

商品を販売したらそれで終わり、ではありません。お客様に購入していただいた瞬間から、継続した関係がはじまるのです。

次に収穫期がくる農産物も購入してもらい、翌年も購入してもらい、毎年購入していただけるように、お客様とのつながりを深めていきます。

では、直販の売上が伸びていくと同時に、お客様とつながりを深めていく取り組みを説明します。

最初にするのは集客

販売するのではなく、まず集客、お客様を集めることからはじまります。

集客は片っ端から取り組むのではなく、自分の売りたい農産物に興味があり、買う可能性の高い〝見込み客〟を集めます。これがお客様との最初の出会い、関係性のはじまりとなります。

次は伝える・知ってもらう

集客したお客様に対して、すぐ販売してはいけません。と言うと「えっ！」と思うでしょうが、見込み客となるお客様を集めたあと、販売してはいけないのです。

集客したお客様に対して次にやるべきことは、「伝える、知ってもらう」というプロセスです。別な表現では「顧客教育する」とも言いますが、これはちょっとお客様に失礼かと。私がお客なら、売り手から教育なんかされたくありませんから。

直売所でしたら、来てくださったお客様にまず試食してもらい、味を知っていただく。そしてメロンの選び方や食べ頃の目安をアドバイスするなど、接客の中でいろいろ伝えることができます。

パンフレットやホームページの場合は、キャッチコピーを見て次を読み進める方に対して〝伝えて、知ってもらい〟ます。何が特徴で、どんなメリットがあって、他とは何が違って、どんな未来がやってくるのか？　前章で説明したとおり、しっかりとわかりやすく伝えていきましょう。

そのほか、ニュースレターやブログ、ＳＮＳ、動画、お客様の声、商品に入れる同梱印刷物など、やれることはたくさんあります。どんどん農園のことを伝えて、お客様からの共感を生んでいきましょう。

この「伝える、知ってもらう」という取り組みが十分にできると、対象となるお客様の購入意欲、「食べてみたい！」「欲しい！」という気持ちが高まり、買い物に失敗するかもしれない不安な気持ちがなくなってくるのです。

ここでようやく「販売」

販売の場面でも、できることはたくさんあります。

直売所でしたら、丁寧な接客、的確で間違いのない発送業務、笑顔での対応など。

通販による直販でしたら、気持ちのいい電話応対、しっかりとしたクレーム対応、わかりやすい注文用紙や注文画面の作成などなど……。

こうした取り組みの一つひとつが、お客様満足度の向上に結びつくでしょう。

販売したら次は「リピート」

買ってくださったお客様に、また買ってもらえるように仕組みを作ります。一度売って終わりではない！　とはこのことです。リピート注文がくるか？　こないか？　これで直販が伸びるかどうかが決まります。

ここでもう一度、ダイレクト・マーケティングにおける売上の方程式を見ていきましょう。

（見込み客×成約率）×単価×頻度＝売上

前章までで、見込み客の集め方、成約率を上げる伝え方、単価について説明しましたが、ここで「頻度」についてご説明します。

「頻度」を増やすこと＝リピート注文を増やすことなのです。

簡単に言うと、「何回売りましたか？」ということです。

寺坂農園では、年に1回しか郵送していなかったDMを、今では年3回郵送しています。メロンをご購入になったお客様に対して、「春にはグリーンアスパラガス、秋にトウモロコシ、根野菜もありますよ」とご案内しています。

細かい取り組みでは、購入していただいたお客様に郵送する納品・請求書の封筒内にチラシと注文用紙を入れて、再購入しやすくしています。

とりわけ大事なのが、インターネットを使った情報発信。私はほぼ毎日、フェイスブック、ブログ、メルマガで農園の様子や野菜のレシピ、作物の生育状況などを伝えています。おいしかったジャガイモのレシピを投稿すると、食べてみたくなったお客様からジャガイモの注文が来ます。インターネットを使った情報発信も、お客様の購入頻度が増えることにつながっています。

リピート注文を促す方法、やれることはたくさんあります。お客様の購入頻度を上げる、リピート注文をいただけるような方法、仕組みを考えて、お客様との関係を長く続けていくことです。

お客様からお客様を紹介していただく

リピート注文がいただけるようになった〝上得意様〟に対して、今度はお客様を「紹介」をしていただけるように取り組みます。

「お客様の友だちが、お客様になっていく」。そんな口コミ紹介が広がっていくとうれしいですよね！

でも、この口コミ紹介がなかなか広がりづらいんです……。

簡単な取り組みとしては、お客様に郵送するＤＭパッケージの中に、「もう一枚、白紙の注文用紙を入れる」というシンプルな方法があります。お客様のご家族やお友だちが「私

集客からリピート・紹介まで、つながりの流れ

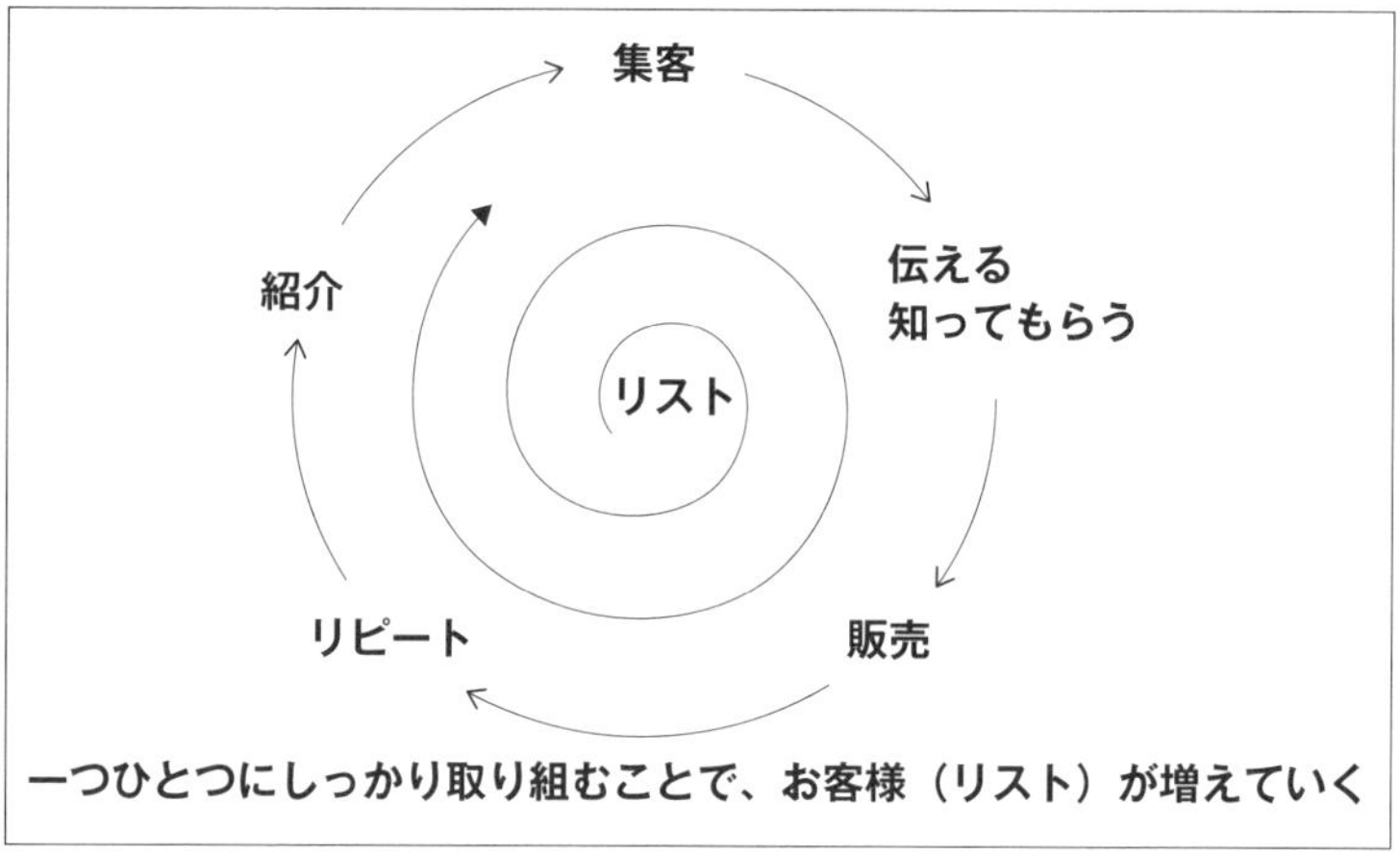

も注文したいな」となったときに、その〝白紙の注文用紙〟を使って注文できるようにした配慮です。

紹介が起きやすいのが、フェイスブック、ブログなどのソーシャルメディア。コメント欄で双方向のやりとりができますし、「シェア」する機能もあって拡散力もあります。口コミ紹介が起きやすい時代になりましたね。

あと全般的なことになりますが、集客〜リピートまで総合的に取り組むことで、ブランド力（信頼）もお客様満足度も上がり、「この農家さん、いいよ」と、口コミ紹介が起きやすくなります。

集客→伝える、知ってもらう→販売→リピート→紹介→集客→伝える……

紹介していただいた方がお客様（集客）となり、一連のつながり、新規のお客様との関係が新たにはじまるのです。

さぁ、やれることは無限大です！　できることからひとつずつ取り組んで、お客様により一層満足していただいて、ずーっとつながりが続く、〝お客様から愛される農家〟をめざしましょう。

なぜ、情報発信が大切なのか？

造船、自動車、エネルギー、保険、食品小売りなどなど、いろんなマーケット（農産物の卸売り市場ではなく、〝市場《しじょう》〟の意味で）があります。

一番伸びている分野はどこだと思いますか？

そうです。インターネットです。インターネットを使った売買がものすごく伸びているのです。少子化の影響もありますが、宅配便のトラック運転手が足りなくなるほど、ネットを使って商品を購入する人が増え続けています。ホテル・旅館や飲食店などのサービス業でも、インターネットを使って予約するのが主流になっています。

水道の蛇口をひねる回数より、ネットで検索する回数が多い、とも言われています。

また、インターネットの中でも、フェイスブックを中心としたSNSも見逃せません。口コミ紹介が広がりやすい仕組みになっていることから、よい情報も悪い情報もすぐに伝わっていきます。

さらにはスマートフォンの普及が、革命レベルです。誰もがスマホを持っています。数年前に比べると激増し、高性能なパソコンをみんなが持っているようなもの。電車の中では誰もがスマホの画面をのぞいています。

一方、直販する側から、寺坂農園からお客様の動きを見てみましょう。

家族で、富良野観光。空港に着き、いろいろ観光地を回っているとメロンの看板が目につく。どうやらメロンが特産みたい。宿泊先のホテルに着いたら、持ってきたタブレットで「富良野メロン　おみやげ」と検索。上位に出てきた〝寺坂農園〟をクリックして、「どんなところかな?」と調査。おみやげを買うのに失敗しないように、貴重な旅行時間を無駄にしないようにと、ページを読みはじめて……「ここに行く」と決断する。実際、「ホームページを見て、絶対このメロン直売所に来ようと思った」というお客様が多く来店します。

メロン畑のほうにもお客様が来るようになりました。寺坂農園は、直売所は国道沿いにあるのですが、メロンを育てて全国発送している農場は、水田地帯の奥まった、非常にわかりにくい場所にあるのです。面接に来る人や、お客様がたびたび迷子になり、救出要請の電話がくるくらいです。

それが、スマホの普及とともに「フェイスブックを見て一度、来てみたかった」と、メロンシーズンには毎日、お客様が訪れるようになりました。道で迷子になる問題も、スマホのグーグルマップを使えば正確なナビゲーションで来ることができます。数年前と比べると、もう、奇跡が起きたみたいです！

このように、寺坂農園ではインターネットのおかげで、多くのお客様と出会うことができています。

では、どうすればインターネットでホームページやブログを見つけてもらうことができるのか？

いろんなテクニックやコツがあるようですが、寺坂農園は正攻法をとっています。それは**毎日、お客様にとって有益な情報を発信し続ける**ことです。

インターネット上には、ものすごい量の情報が流れています。毎日毎日、膨大な情報が発信されている中で、ちょっとホームページを作った、ブログをはじめた、くらいでは埋もれてしまい、なかなか人には見てもらえません。

検索して、**トップページの10位以内に表示されなければ見てもらえない**と考えてください。2ページ目に表示されるのも、それはそれですごいのですが、クリックされる率は一気に下がります。

厳しいことを言います。

検索窓に「富良野　メロン」など2～3個の複合キーワードを入れて**トップページに表示されなければランク外、世の中に存在していないのと同じなのです。お客様に見えないということは、存在していないに等しいということです。**

では、どうすれば検索で順位が上がるのか？　ひとつの方法が私がやっているような日々の情報発信で、毎日ホームページについているブログを更新し、フェイスブックに投稿し、メルマガを発行するのです。

毎日です。大切なので繰り返し言います。**毎日、情報発信するのです！**

寺坂農園では2005年から、不定期ですがコツコツとブログを投稿してきました。そして2013年の10月からは、ほぼ毎日投稿。地道に情報発信をしていくと寺坂農園のホームページのページ数（サイトボリューム）が大きくなっていきます。2015年3月で、なんと7000ページを超えました。農家の直販、メロンや野菜に関する話題が7000ページもあるのです。

ここまでページが増えると、検索サイトのグーグルは、当農園のサイトを「検索する人に役立つ、新しい情報を常に投稿しているサイト。農家が情報発信しているメロンや野菜に関する優良サイト」と認識してくれて、検索で上位に表示してくれるのです。

実際、寺坂農園のページは検索に強いです。実際の検索順位をあげると（お使いのPC・スマホの環境によって多少前後します）、

「富良野メロン」でキーワード検索すると、1位。

「北海道メロン」で1位。

「メロン　産直」で1位。

「メロン　お土産」で1位。

「アスパラ　直売」で1位。

……など。国内にたくさんの農家さんのサイトやECサイトがある中で、この順位表示です。すごいですよね。

しかも、販売のプロが運営するECサイトという競合を差し置いての上位表示。農家のホームページがネット専門業者より上位に表示されているのです。ここまでくるには長い月日がかかりましたが……。

特にキーワードを2個入れた複合キーワードでの検索では、上位表示されやすくなっています。こうなるとお客様に見つけてもらいやすくなり、直販がとても楽になります。

寺坂農園は、積極的に農業、直販にまつわることを中心に毎日情報を発信しているので、グーグルに評価されて愛されているのです。

「えぇ～っ！　朝早くから暗くなるまで農作業で忙しいし、毎日情報発信なんてできないです」

はい、皆さんそうおっしゃいます。そのとおりだと思います。

ですが、だからこそ私はやり続けています。なぜなら、みんながやらないから。

〝農産物の直販〟という分野で毎日情報発信している農家はきわめて少ない。だからこそ、情報発信し続けている寺坂農園だけが、ネット検索で上位表示されるのです。

ですから、**経営者の一番大切な仕事は、情報発信**です。

これだけインターネットが発達して、誰もがスマホを持っているこの時代。情報発信してインターネット上で伝え続けることが、直販する農業経営者の一番大切な仕事だと考えています。

資金繰りや労務管理、栽培管理も大切ですが、消費者への情報発信が一番大切な仕事なのです。しかも経営者みずから情報発信することが大切です。事務の女性やパソコンにくわしいスタッフに投稿を任せるのはお勧めできません。

なぜなら、借金にハンコをついて保証人となり、情熱を持って農産物を育て、誰よりも一所懸命に農業に取り組んでいるのは、経営者・社長です。

その想いを伝えられるのは、やはり経営者・社長しかいません。誰にも負けない想いを持って農業に取り組んでいるからです。

フェイスブックやブログにアップされる経営者・社長が書く記事は、読んでいてもパワーがあり、いろんな想いが伝わってくるのです。

「任されて書いた」スタッフや社員の記事は、可もなく不可もなく、尖りがなく、農場の様子を伝えるあたりさわりのないよい子の記事、になりがちです。投稿しないよりはマシですが……。

経営者・社長の一番大切な仕事は、情報発信である。

これを愚直に続けていくと、ネット社会からの評価が高まり、お客様から共感を得られて、奇跡が起きるのです。

フェイスブックを使ってお客様とのつながりを増やす

地方で農業を営む直販農家にとって、フェイスブックは神様からの贈り物です。

私はフェイスブックが流行りはじめた2012年に友だちに勧められてはじめました。

「また新しいSNSか。農家が新しいことについていくの、大変だなー」

すでに、ブログ、ミクシィ、ツイッターとやっていましたが、なかなか販促効果が得られずにいました。

ですから「またか」と、たいした乗り気でもなくはじめたのです。が、はじめて数日で「これはすごい！」と興奮しました。

北海道の中心に位置する中富良野町で農業をしているにもかかわらず、全国の人々と自由に交流できて、つながりや紹介が広がっていくシステムに感動しました。

簡単に言うと、地方で八百屋をしていても、フェイスブックを通じて全国のお客様といつでも会話できるような感覚。「ついに地方農業のハンデがなくなった‼」と、うれしくなったのを思い出します。情報の広がりや人とのつながりやすさが、すごくよくできているSNSなのです。まさに直販農家にうってつけです。

たびたびフェイスブックについて言及してきましたが、ここで簡単に説明します。フェイスブックは双方向のやりとりが簡単にできるインターネットサービスで、写真や動画、記事を投稿すると友だち同士で共有できるのです。また、「シェア」する機能もあって、友だちに教えたい情報などは「シェア」ボタンを押すだけで簡単に共有できるようになっています。

フェイスブックの画面を開くと、ニュースフィードと呼ばれる表示部分に、友だちが投稿したりシェアした情報が自動的に流れてきます。

一人ひとりと会ったり、電話をすることなく、今、友達が何をしているのか？ どんな映画を観てどう思ったか？ どんなレストランで何を食べたか？ など、近況や思っていることを共有できる優れたSNSサービスです。

個人のページの他に、企業用のフェイスブックページもあります。これはフェイスブック内にある「会社のホームページ」みたいなものです。フェイスブックページには「いいね！」ボタンが設置されていて、企業ページを見た人が「この会社の情報が欲しいな」と思って「いいね！」ボタンをクリックすると、自分のニュースフィードにその会社が投稿した情報が自動で表示されるようになります。

ある会社のフェイスブックページに「いいね！」がたくさん押されていたら、その会社の「情報が欲しい、記事を読みたい」というファンのお客様が多いことになります。

寺坂農園のフェイスブックページの「いいね！」獲得数は約4万7000もあり、国内のフェイスブックページ【栽培／農業】カテゴリで第1位。【北海道カテゴリ】でも4位になっています。

当農園のフェイスブックページに記事をひとつ投稿すると、約5000人のニュースフィードに表示され、1日に2回投稿すると約1万人の方に見ていただけることになります。ひとつの記事に対する「いいね！」数は300〜600にもなります。

地方で農業をしながら、これほどたくさんの人が投稿した記事を見てくれているのです。こんないい時代が来るとは思ってもいませんでした。やらない手はありません。

「じゃあ、どうやってフェイスブックページの『いいね！』を増やすんですか？」

この質問をよくいただきます。正直にお話しすると、もう万単位の「いいね！」獲得は難しいでしょう。当農園は2012年、フェイスブックが流行しはじめの頃に、まとまった額をフェイスブック広告に投資して〝農家が情報発信しながら直販しているページに興味がある方〟から「いいね！」を獲得していました。ですが、今はやっていません。

フェイスブック広告は大手企業の参入が進み、今では広告の価格も跳ね上がり、「いいね！」を1件獲得するのに150～200円かかるようになってしまいました。

「いいね！」を押してくれた方は、見込み客前の見込み客。情報収集と交流が目的なので、実際に購入に至るまでにはまだ時間がかかるので、採算を取るのが大変です。

これから農家がフェイスブック広告に資金を投下して「いいね！」獲得をめざすのは、フェイスブック広告の情勢から見ても難しいでしょう。

でも、大丈夫です。「いいね！」は数だけでなく、質も大切だからです。

実際にフェイスブックでつながっている方で、よく当農園からご購入くださるのは、〝一度お会いしたことのある人〟です。フェイスブック内で当農園のメロンや野菜を紹介してくださる方も、やはり一度、もしくは複数回お会いしたことのある人が圧倒的に多いので

「いいね！」を増やすための寺坂農園の取り組み

①いろんな交流会やセミナーに参加して、積極的に人と出会って名刺交換。一度きりの出会いで終わらせず、友達リクエストをしてフェイスブックでつながる

②友だちでつながったら「農園のフェイスブックページがあるので、見ていただけたらうれしい」と、メッセージで伝える

③既存のお客様にも、フェイスブックをやっていることを伝える。メルマガ、ブログ、ニュースレターに「フェイスブックをやっています」と、ことあるごとに記載する

④直売所でもテーブルの上に「フェイスブックページをやっています」と告知する

⑤農園見学に来られた方にも「フェイスブックで農園の様子を伝えているので、よかったら『いいね！』を押してくださいね」とお願いする

⑥野菜などをお届けする箱の中の同梱印刷物にも、フェイスブックをやっていることを掲載する

⑦ホームページに、フェイスブックの情報が自動で掲載されるパーツをつけて、ホームページからフェイスブックへの誘導をはかる

す。やはり実際に会って交流がある人からの「いいね！」は質が高いと言えるでしょう。

では、「『いいね！』を増やすにはどうしたらいいか？」について、今の寺坂農園の取り組みを前ページにまとめてみました。

当農園のフェイスブックページを読みたいファンを増やすこうした取り組みを、地道に続けています。

つながりが薄く反応の薄い1万の「いいね！」より、実際に会って交流のある方とつながった1000の「いいね！」のほうが価値があるように感じます。

「いいね！」獲得をめざすのではなく、人と人との本当のつながりを深めていくことを大切に、取り組んでいきましょう。

きっと農家の直販が、もっともっとおもしろくなります！

フェイスブックページを作り込む

自分の農園のフェイスブックページを見てもらって、「あっ、おもしろそう」「ここの情報は欲しいな」と興味を持ってもらえなければ、「いいね！」は押してもらえず、ファンは増えません。

せっかくアクセスしてくれたのに、これでは残念です。ページを見に来る人は、「どんなページなの？」という疑問を持ちながらアクセスしてきます。それに対してすぐに内容がわかるように作り込みます。「ここは、こんなページですよ」という答えが、最初に見るページに表現されていることが大切です。ホームページのトップ画面にも同じことが言えます。

では、寺坂農園のフェイスブックページを例に説明していきます。

一番上のカバー画像には、「どんなページなの？」に対する答えを明確に書きました。「北海道・富良野で野菜やメロンを育て、お届けしている農家です」まったくそのまま書いています。「北海道」と「富良野」はブランドであり、独自性なので、ちょっと大きめにアピールしています。

さらに写真。栽培、もしくは取り扱いをしている地元農家さんの野菜の写真を並べることで、「何を取り扱っているのか？」が直感的にわかると思います。

このカバー画像をおしゃれにしたり、好きなものの写真にしたりすると、どんなページなのかわからず、興味を持つ段階に進んでもらえません。

次に屋号。会社名ですね。「感動野菜産直農家　寺坂農園」という屋号に、当農園の想い、「食べて感動する、そんなおいしい野菜を産直でお届けしたい」が込められていて、これも見ている方に伝わると思います。

そして私が両手にメロンを持って笑っている写真。**〝人気（ひとけ）を出す〟のが大切**なのです。そう、商売は人対人のやりとりですから。ある程度〝人〟が出ていると親近感や安心感が湧いてきます。

このように、最初に見てもらえるフェイスブックページのトップ、カバー写真部分は「どんなページか、すぐにわかるように作り込む」のがポイントです。

ホームページのＵＲＬも載せておきましょう。記事を読んでくれた方が「どんな農園なのかもっと知りたい」「野菜を取り寄せしたい」と思ったときに、すぐにホームページに飛んで見ることができるようにしておきます。

感動野菜産直農家　寺坂農園のページ

フェイスブックページをはじめて訪れた方の動きは、だいたい次のようなものだと推測しています。

①カバー写真と会社名を見て、どんな会社か理解する→②興味を持つ→③下にスクロールして、投稿記事を2～3個ざっと見る→④「おもしろそう!」と感じたり、記事を読んで共感したりする→⑤「今後、このページの情報が欲しい」と思う→⑥スクロールして画面上部に戻り、「いいね!」ボタンを押す。

だいたいこのような流れだと思います。

そうすると、着地したときのカバー写真の次に重要なのが、「どんな記事を投稿すればいいのか?」となります。寺坂農園の記事を例に解説していきましょう。

どんな記事がお客様の心をつかむのか？

「投稿するネタが続きません。どうしたらいいでしょう」

特に毎日投稿するとなると、記事ネタに困ってきますね。

私の場合、慣れてくるとどんな出来事でも〝ネタ〟に見えるようになってきました（笑）。

そもそも農業は自然と調和しながらの仕事で、四季折々の変化に事欠きませんから、少し気をつけていれば記事ネタに困ることはありません。

ただ、注意しなければいけないのは、自分が言いたいこと、独りよがりな記事ばかりを投稿していると、読んでいる人の共感を得られないということです。

では、どんな記事を投稿すればいいのか？

それは、提供する商品・サービスの対象となるお客様が喜ぶ記事を投稿する、のが正解です。

寺坂農園のお客様の場合は、「北海道・富良野が好き」「メロンが好き」「野菜をお取り寄せして料理して楽しむのが好き」な方々です。ですから、このようなお客様にとって役立ち、喜び、共感できる記事を投稿するのがベストでしょう。
寺坂農園では次のような記事を投稿しています。

お客様にとって価値のある記事

当農園から野菜をお取り寄せして、料理を楽しむお客様が多いので、寺坂家でも妻（専務）が野菜を使った料理を積極的に作り、写真撮影して感想を添えてレシピを投稿しています。これは人気記事で、おいしそうな料理記事には無条件に「いいね！」が集まります。「今晩、さっそく作ります！　ありがとう」「いつも、おいしいレシピを助かります」などのコメントが並びます。うれしいですね。

実際に、レシピを紹介した野菜の注文をいただくことができます。食の楽しみ方を提案するレシピ記事は、直販農家では大事な記事です。

富良野の様子・風景を伝える

寺坂農園のお客様には、富良野観光の折に当農園のメロン直売所にお越しになって、ご縁をいただいた方が多くいらっしゃいます。富良野が好きな方、ですね。

ですから富良野の様子や風景を伝える写真と記事には「いいね！」が多くつきます。四季の変化も伝えられますし、朝日や夕日の写真もいいですね。お客様は富良野に来ることなくフェイスブックを通じて、今の富良野の風景を体験できるのです。きっと直売所でメロンを食べて購入したことも思い出してくれるでしょう。

農園の様子を伝える

どんな農作業をしているのか？　気温は？　天気は？　雪の様子は？

寺坂農園の様子を、そのとき感じた気持ちを織り交ぜながら伝えていくと、お客様はその出来事を共有・共感してくださいます。農園のことをたくさん知ることによって、親近感も湧いてきますよね。当農園の場合、番犬である柴犬ラッキー&ハッピーの記事も人気です。

〝裏話的〟な記事

より一層、寺坂農園の背景を知ってもらうために、〝裏話的〟な記事も投稿します。たとえば、当農園では加工食品のドレッシングを製造・販売しているのですが、製造現場での裏話なども投稿しています。

「タマネギドレッシングを作るためにタマネギをみじん切りにしていると、メチャクチャ目が痛い!!」といったことを記事にして投稿します。料理をする方なら、共感してくれるでしょう。

他には、正直、隠したい、公開したくない話ですが、「メロンが全滅してしまった記事」など失敗したことも率直に伝えます。

なぜ、このような失敗をしたのか？　改善策はどうするのか？　この失敗によってお客様にどのような影響があるのかを正直に伝えました。

「メロンが全滅してしまった記事」のときは100件を超える応援コメントをいただいて、涙が出るくらいうれしかったです。お客様から、メロン栽培を続けていくチカラをいただきました。

農園の〝裏側的な背景〟をお客様と共有することで、心の距離がより近くなります。

お客様の声をご紹介

お客様からいただいたうれしいご感想は、掲載許可を得た上でフェイスブックでも紹介します。感想のお手紙やハガキの画像とともに投稿しましょう。「お客様にこんなに喜んでいただけました」という証拠にもなります。

ただし、あんまりお客様の声ばかり投稿すると「また自慢かよ」と思われるおそれもあるので、投稿頻度は調整しましょう。

シズル写真にはこだわる

パンフレットの作り方でも書きましたが、おいしいそうな料理の写真を撮影して投稿しましょう！　「おいしそう〜、食べてみたい！」とコメントがついたら合格です。もちろん、シズル写真とともに、それにまつわる話題もしっかり書きます。

「来年のパンフレット用に、カットメロンの写真を撮影しました。おいしそうに見えますか？」みたいな感じでもＯＫです。

ちょっとバカでユーモアを

「ＰＣ・スマホ画面の向こう側にいる、『いいね！』を教えてくれた人」に、「おもしろい！」と思ってもらえる話題を提供します。

当農園にはいろいろな〝かぶり物〟がありますので、社長自ら「メロンマン」になっている写真も投稿しています。いわば、相手に喜んでほしい「利他の精神」ですね。

おもしろいことは、いいことです！　親近感がグッと増して、ファンが増え、ご注文が増える……かもしれませんので、遊び心がある方はぜひやってみてください。

農業に対する想い・理念を伝えていく

法人設立1周年記念パーティーのときに「良樹細根」と書かれた額入りの書をプレゼントしていただきました。さっそく記事にしたのですが、そういうときには、「自分の理念や想い」も絡めて投稿します。

「『良樹細根』っていい言葉ですね。見えない根の部分がしっかり張っていないと、見える部分の樹がよくならない。メロン作りも一緒ですね。農業経営も一緒です。見えない根の部分をしっかり育て、これからもおいしいメロンをたくさん全国にお届けしていきたいです」

どんな記事であっても、最後のまとめの部分で理念や想いに触れることができます。

意識的に「想いや理念」を伝えていく。これは経営者の大切な仕事です。

クレームを発生させる

クレームが発生するような記事を、あえて投稿するのも欠かせないことです。

クレームがくるのは誰でも嫌ですよね。できればないほうがいい。隠したい（これはダメです）。ですが、自然の産物である農産物を直販する限り、クレームはどうしても発生してしまいます。

そうしたクレームを〝お客様が連絡しやすくなる記事〟を、生産者側があえて投稿するのです。

ひとつ事例をあげます。寺坂農園では雪下キャベツを12～2月にかけて販売します。「レシピを投稿しよう」と自宅でキャベツを真っ二つに切ったら、中心部分が黒く変色していてカビがついているように見える状態でした。

これは生育過程でのカルシウム欠乏が原因と思われます。さっそく写真を撮り、

「お届けした雪下キャベツで、このように黒く変色した部分はありませんでしたか？食べても大丈夫ですが、気になった方は遠慮なくご連絡ください。再発送いたします」

と投稿しました。

するとコメント欄に、「うちもあったけど、気にしないで食べたよ」「そうだったんですか、ただの生育障害だと知って安心しました」「自然環境で育つ野菜だから、そういうこともありますよね」など、あたたかい言葉をたくさんいただき、コメントを1件ずつ返しながら交流もできました。

そして、お電話も何件かいただきました。お客様から状況を丁寧に伺い、もう一度発送

させていただいて問題解決です。きっとお客様にご満足いただけたと思います。

現状を正直に伝えることで、お届け先でどのような状況になっているのか把握できるのと同時に、しっかりと対応することで信頼関係も深まります。

これまでの記事を俯瞰して見ると、フェイスブックへの投稿を通じて、お客様に向けて「食育活動」をしているとも言えるかもしれません。

野菜の生育の様子、苦労話、おいしいレシピ、育てる人たち、届ける人たち……農産物にまつわるいろんな話題を提供することで、お客様は農産物についてより一層知ることになり、まるで一緒に生産しているような感覚になって共感してくれる。食育活動は生産者にも消費者にとってもうれしい交流です。

ＰＣやスマホの画面の向こうにいるお客様の姿を想像しながら、喜ばれる、価値のある記事をどんどん投稿してお客様の共感を生み、ファンを増やしていきましょう。

一度の投稿記事を4回使い倒す

せっかく書いた投稿記事ですから、有効に活用しましょう。

フェイスブックに毎日投稿することが大切と言いましたが、ひとつ問題があって、フェイスブックでは投稿した記事がどんどん過去に流れていってしまうのです。過去の記事はグーグルなどの検索にも引っかかりません。

そこで、私がやっている投稿の方法を説明します。

まずフェイスブックに投稿する。

次にその投稿した記事を、今度はホームページに組み込んだブログにコピペ（貼り付け）します。ブログはフェイスブックとは違って情報が蓄積され、検索にも引っかかります。投稿した記事が無駄にならずに情報の蓄積になるのです。

最後に、ブログにコピペして投稿した記事を元に、メルマガを作って発行します。寺坂農園ではテキストのみのメルマガを発行しているので、「その写真はこちら」「この続きは

ニュースレターに載せたフェイスブックの記事

ブログへ」と、ブログへのリンクが掲載されています。メルマガを読んだ方をブログに案内していくのです。

ブログは見に来る人を待つ〝プル型〟。これに対して、メルマガはこちらから情報が届く〝プッシュ型〟。これらを組み合わせてお客様に情報発信していきます。

ブログを読んだお客様が「あっ、このメロン食べたいな」と思ったとき、購入しやすいようにとの配慮でブログ画面の右側にはちゃんとホームページへのリンクボタンが設置されています。

このように購入までの導線を考えて「メルマガ→ブログ→ホームページ→購入」という流れを用意することで、お客様が「売り込まれるストレス」を感じないように気をつけています。

そしてさらにもう一度！　投稿記事を活用します。

DMに同封するニュースレターを作るのも結構大変なので、フェイスブックで「いいね！」がたくさんついた人気記事を掲載して、有効活用しています。

「フェイスブック投稿記事『いいね！』人気ランキング☆夏」という特集を組んで、人気記事をランキング形式で紹介します。第三者から評価済みで人気のあった記事だけに、ニュースレターに載せる価値も十分です。

DMを郵送するお客様全員がフェイスブックをやっているわけではありませんし、メルマガやブログを読んでくださっているとは限りません。むしろ、すべて読んでいる方のほうが少ないでしょう。でも、せっかく書いた投稿記事ですから、4回使い倒して、お客様に情報発信し続けています。

口コミ紹介が広がっていくには？

お客様に寺坂農園のメロンや野菜が届いて「届きました！」「おいしいです！」とブログやフェイスブックに投稿してくれる方がたくさんいらっしゃって、本当にありがたいです。

口コミ・紹介という第三者からの情報は、その人の信用もあって影響力が大きいですね。記事を見て、「私も注文したい！　どうやって注文したらいいの？」とネット上で紹介が広がっていきます。

では、どうしたら口コミ・紹介が起きるのか？　振り返ってみたら4つのポイントがありました。

日々、情報発信していること

毎日、情報発信をしているので、見ている方は雪の季節から種まき、生育の様子、農園の様子、収穫・発送までを、よーく知っています。**SNSを通じて〝リアルタイムで体験〟している**、と言ってもいいでしょう。生育過程から収穫、手元に届くまで、ワクワク感が高まって当然ですよね。「届いて食べてみたらおいしかった」といううれしさを投稿してくれると、こちらまで喜びが伝わってきます。

お届けした商品の箱に、リーフレットや会社案内を入れる

たとえばリーフレットでしたら、ただ野菜の特徴を説明するだけでなく、保存方法やおいしく食べてもらうためのレシピをつけるなど、工夫をしましょう。

「レシピまでついていて助かりました！ さすが寺坂農園さんです」と記事投稿してもらえることもあります。

同梱するリーフレット・会社案内は、ブランディングとお客様満足度向上にかかわる部分です。お客様のことを想った内容で、リーフレットなどを作っていきます。

よい商品・サービスを積極的にシェアする

自分の商品をSNS上で紹介してもらえたらうれしいですよね。喜びの感想をアップしてくれたら感激ものです。

その前に、進んで自分から先に、つながりのある人の商品の購入・サービスを利用して、積極的に感想を添えて投稿することです。よいことはみんなに広めたいですよね。

すると、今度は自分の商品を紹介してくれることが多くなります。と言っても、見返りを求めて紹介記事を投稿するわけではなく、「よいことはまわりに紹介したい」という、

あくまで純粋な気持ちで。ＩＴ技術がどんなに進んでも、商売はやはり「一人ひとりとのやりとり」、つながりなのです。

人に会って交流する

メロン・野菜をＳＮＳで紹介してくれるのは〝実際にお会いした方〟が多く、やはりリアルでの交流が人間関係の基本なんだと実感します。ＳＮＳはそれを補完する仕組みがすばらしいのですね。一度お会いした後にＳＮＳでつながれば、お互いの近況や趣味嗜向を知ることができて、関係がさらに深まります。そうなると「寺坂農園のメロンが届きました」と、紹介してくれることも多くなると感じています。

振り返ってみると、以上の４つの共通点がありました。

もうひとつ、紹介・シェアの例をお伝えします。

あるとき、当農園のファンで上得意様のＨさんが、うちのタマネギドレッシングを使った「小松菜と焼き油揚げ」のレシピを投稿してくれました。うれしいですね。

その記事を私が「こんなレシピをご紹介いただきました」と当農園のフェイスブックページで紹介しました。これはＨさんも、記事を読んだ方もうれしいですよね。

重要なのはここからです。

さらにうちの妻（専務）が、Hさんのレシピを自宅で再現。写真を撮影して寺坂農園のフェイスブックページに「作ってみました。おいしいです！　Hさんありがとうございました」と投稿しました。自分が作った料理を他の人も作って、さらに喜んでくれているのを見れば、もちろんうれしいですよね。

さらにさらに、寺坂農園が再現写真を投稿した記事を、Hさんがシェアして自分の友だちに「寺坂農園さんがこのレシピを作ってくれました」と投稿してくれました。

えーっと、シェアのシェアの、シェアのシェア……でしょうか？　タマネギドレッシングを使った「小松菜と焼き油揚げ」レシピの話題が、双方向のやりとりの中で多くの方の目に触れたことになります。

このようによい情報の交換ができる、双方向の交流ができるのがフェイスブックの魅力。しかしフェイスブックはそのための「ツール」であって、大切なのは「どんな交流をするのか」であるのは言わずもがなですね。

フェイスブックを中心とした紹介・口コミの拡散力は本当にすごいです！　やらない手はありません。

批判的な書き込みに、どう対応する？

「投稿したら、コメントで批判されました。やる気を失っちゃって……」

たまにこうした相談を受けます。

批判を受けると、モチベーションはかなり下がってしまいます……。気持ちがヘコみます。ですが、批判的なコメントへの対処法がありますので、心配しないでください。

すぐに返信コメントをしない

すぐに返信しない、これは大事です！　批判的なコメントが書き込まれると、気持ちが高ぶり、怒りが湧いてきます。そのタイミングで返信すると「反論」になってしまいがち。反論されると、相手もわかってほしいし、負けたくないので再「反論」になり……悪い流れになってしまいます。

批判的なコメントがきたらすぐにコメントを返さず、半日くらい置きましょう。すると自分の気持ちも落ち着いてきて、冷静なコメントができるようになります。

相手の意見を受け止める

相手の批判をいったん受け止めましょう。批判的な書き込みは、相手も感情が高ぶっているはずです。ですので「○○さんは、○○と考えているんですね」といったん静かに受け止めてあげると相手も納得し、気持ちも落ち着いてくるでしょう。

自分の気持ちを率直に伝える

相手の気持ちを受け止めてから、今度はこちらの気持ちを伝えます。

注意してください。**「気持ちを伝える」のであって、正論を語ってはいけません。**どちらが正しいかの議論、戦いを繰り広げても、何も生まれません。

たとえば、相手の考え方をしっかり受け止めた上で、次のように気持ちを伝えます。

「私は、みなさんと楽しく交流を続けていきたいです。批判的な意見は、見ている皆さんが気分を害しますので、ご配慮いただけるとうれしいです。

当農園の投稿が不快でしたら、どうか『いいね！』の取り消しをお願いいたします。

これからも楽しく皆さんと交流しながら、農園の様子や富良野の情報をお伝えしたいと思っています。お互い気持ちよくフェイスブックを利用できるように、どうかご理解のほどよろしくお願いします」

このようにこちら側の気持ちを伝え、お願いするのです。ほとんどの批判的なコメントはこれで落ち着くと思います。参考にしてみてください。

投稿で気をつけること

他に私が投稿で気をつけているポイントをあげていきます。

夕方に投稿しない

仕事の詰め、晩ご飯の用意など、夕方は皆さん忙しく、多くの方がしっかり見てくれている可能性が低い時間帯です。当農園でも、夕方の投稿に対する「いいね！」の数は少ない傾向があります。

夜中の投稿、コメント返しは慎重に

静まりかえった夜中にPCやスマホに向かうと、自分の世界に入り込んでしまって、〝気持ちの入りすぎた文章〟になりやすいものです。私も、投稿した文章を翌日に見て「あちゃ〜、熱い文章書いちゃったなぁ〜」と顔が赤くなることもありました（笑）。夜中の投稿には気をつけましょう。

難しいことは書かなくてOK

わかりやすい内容、文章が一番です。難しいことを書く必要はありません。肩の力を抜いて、等身大で率直に書きましょう。そのほうが伝わります（と言うか、私は難しいことが書けない）。

文章に感情・気持ちを表現していく

日々の出来事や、やっている作業を淡々と伝えるだけでは、読んでいる人の共感を得ることはできません。そのことによって、うれしかったのか？　悲しかったのか？　つらかったのか？　など、感情や気持ちを表現すると、グッと伝わる記事になっていきます。

「○○でやったーー！」「○○○が○○○となって、とてもドキドキしました！」「もう、ダメかと思って落ち込みました」など、そのときの気持ち・感情を伝えていくと、読んでいる人にもその熱さが伝わり、共感・共鳴が起きるのです。素直な気持ちを織りまぜた記事には「いいね！」の数やコメントが増えます。

毎日投稿！　できれば1日2回以上

大切なことなので何度も繰り返し言いますが、「毎日投稿」です！　経営者の一番大切な仕事は〝情報発信〟です。できれば1日2回投稿できたらいいですね。投稿する記事の「質」も大切ですが、「回数」も大事です。

コメントには必ず返信。無視は最悪！

自分がされてうれしいことを、相手にもすればいいのです。コメントにはかならず返信しましょう。名前つきでパーソナルなコメントが返ってきたら、誰でもうれしいですよね。普通の人間関係と一緒です。無視は最悪。人間関係崩壊の法則です。

他の人と作業分担してでも、コメントはちゃんと返して、双方向のやりとり・交流を大切にしましょう。これが真の目的ですから。

売るときは紹介ふうに！　あくまでも「あなたへのベネフィット」を伝える

たまに、どうしても「売らなければならない」ときもあります。数が少なくなっているとき、旬が終わりそうなとき、逆に収穫・販売がはじまったときなど。

販売告知の記事を投稿するときは、紹介ふうに記事を投稿しましょう。「収穫がはじまりました～」「あと２００kgしかありませんが、お忘れではありませんか?」など。そして、あくまでも記事を読んだ人のベネフィットを考えて、記事の中で伝えていきましょう。

個人ページでは〝人間性〟を売る

企業用のフェイスブックページだけでなく、個人アカウントのページでもしっかり情報発信していきましょう。

どんな本を読んでどう思ったのか？　どんな映画を観てどう感じたのか？　どこに遊びに行ってどんな気分になったのか？　こうした文章から、人柄や人間性が伝わります。インターネットを通じて人とのつながりを深めながら、自分の人間性を売っていきましょう。お客様は「誰が売っているのか?」を見ています。

投稿で気をつけたいことや、つながりが深まるポイントをあげてきました。ネット上でも楽しく人と交流し続けて、直販を伸ばしていきたいですね。

つらいクレーム対応も、これで大丈夫！

クレームを「ハッピーコール」と呼んで業務改善につなげ、再発送や返金保証で対応していることは、3章でお伝えしたとおりです。

「うちも直販をしているのですが、何回もクレームの電話をかけてきて、しかも電話の時間が長いお客さんがいて困っています。寺坂農園さんではどうされていますか？」

こうしたことをたまに聞かれます。

直販をするということは、一人ひとりのお客様に対応して販売していくこと。いろんなお客様がいて、ときには対応に困るお客様にあたることもあります。

収穫・発送の仕事でヘトヘトのときに、長々とクレーム対応をしなければならないのでは、身も心も参ってしまいます（はぁ……）。

以下に、猛烈なクレームにどのように対応すればいいのか、ご説明していきます。

むかしは、対応に困るお客様をひとくくりに〝クレーマー〟と捉えていたのですが、問題が発生しました。電話でもメールでも、クレームは基本的にどれも感情的な攻撃で、きつい言葉で責め立てられるので、「みんなクレーマー」と思ってしまいがちですが、そこに落とし穴があります。

寺坂農園では、過去の経験から、クレームに類することを次のように分類しています。

①通常のクレーム
②モンスタークレーマー
③詐欺
④取り込み詐欺

通常のクレーム（ハッピーコール）はこれまでご説明してきたように、お客様に寄り添うように、通常対応で。その他は対応方法がそれぞれ違いますのでご注意ください。

「モンスタークレーマー」への対応

とにかく細部にわたって、重箱の隅をつつくように粗探しをして問いただしてくるのが特徴です。どんなに対応しても、何度も電話をかけてきて、問題点を指摘してきます。対応が1ヶ月にも及び、胃が痛くなったことも……。

何回か対応して「モンスタークレーマーだな」と判断した場合には、「私が今回の件での責任者です」と明言した上で、次の対応をしています。

「精いっぱい対応させていただきましたが、当農園としてはここまでが限界です。どうか○○様の納得のいく、他の販売店からお買い求めください。

脅しのような言葉もあって怖いので、これ以上はこちらとしても弁護士や警察に相談しなければなりません。

こちらの業務にも支障が出ているので、これで最後の電話とさせてください。

当農園としては、これ以上の対応はできません。申し訳ありません」

相手が「そんな対応するのか！」「私を切る気か！」と怒鳴ってきても、動じてはいけません。前の説明を繰り返し伝えるだけです。これまでの経験では、これでもう二度と電話はかかってこなくなります。

身も心も削られるようなモンスタークレーマーへの対応は、見切りをつけて勇気を持って対処しなければなりません。購入が目的の人ではなく、お客様ではないのです。

詐欺への対応

詐欺の最初のアクションはモンスタークレーマーと一緒なので、混同しがちですが、目的は農産物の再発送か、代金を無料にしてもらうこと。最初から悪意を持って連絡してきます。

2、3回たて続けにクレームを言ってきて、電話でも長時間責め立ててきます。「では、今回の代金はいただかないので」「もう一度、再発送させてください」と言うと、すんなり電話が切れる。こんな場合には詐欺を疑ってみます。

詐欺だと判断したら、モンスタークレーマーと同じで「精いっぱい対応させていただきましたが……」の繰り返し説明で対応します。

怒鳴ってきたり、「このことをネットに投稿して公開するぞ」と、脅しっぽい話をしてきたら、

「脅しのような言葉を言われると、〝怖い〟です」

と、しっかり伝えましょう。「怖い」と伝えたら、相手もそれ以上は言ってきません。正直に気持ちを伝えて、取引を停止しましょう。

インターネットで相手の名前を検索すると、「詐欺の常連リスト」などにヒットすることが結構あります。

「取り込み詐欺」への対応

最初から大量の商品を送らせて、代金を踏み倒す。悪質でプロがやっていると思われます。引っかかると数十万〜百万円単位の被害になります。当農園も同様の手口で十数万円の勉強代がかかりましたが、だいたいパターンが同じなので、今では未然に防げるようになりました。

まず、「ネットで見た」と少額の注文が入ります。取り込み詐欺は、たいていホームページをたどってやってきます。次に電話があって、「すばらしい！　また注文する」と、代引きなどでまた注文がきます。最後に大量の注文がきて「会社で取引したい。会社の仕組み上、月末締め、翌月末払いです」と、必ず後払いを要求してきます。

ここで「やった！　たくさん注文がきた！」と喜んでメロンを送ると……翌月、弁護士名義で「倒産しました」と郵便が届く、もしくは音信不通に……。もう、涙ものです。

ホームページ経由のお客様の場合、数回注文があったとしても、初年度1年以内にいきなり「会社名義で大量に」「絶対に後払い」となると、かなりあやしいと疑うべきです。本当に必要なら、前払いできるはずです。いくら大量注文であっても、後払いなら勇気を持って注文を断わる、くらいの覚悟で挑めば大丈夫です。

以上のような対応を心がければ、クレーマーも詐欺も取り込み詐欺も怖くありません。直販する農家の貴重な時間と労力は、大切なお客様のさらなる満足度向上に使うのが正解。自分たちを理解してくれるお客様と気持ちよく交流し、直販していきましょう。

直販の理想型「クロスメディア・マーケティング」をめざす!

クロスメディア・マーケティングとは、テレビやラジオ、新聞などのマスメディアで紹介されながら、直売所、ホームページ、SNSでの広告・販売を組み合わせていくマーケティング手法です。

「お客様に知ってもらうために、何でもやっちゃいます！」という感じでしょうか。

寺坂農園では、テレビやラジオ、新聞などの出演要請に積極的に応えています。2014年だけでも、ＮＨＫの人気番組「サラメシ」、関西テレビの「よーいドン！」など4番組で放送されました。ラジオでも2つの番組で、アスパラガスやメロンが取り上げられました。地元の地方欄ですが、新聞にも寺坂農園の直販の取り組みが載ることがあります。また、ビジネス書やフェイスブックの専門誌3冊で寺坂農園の取り組みが紹介されました。

これらはすべて、ネットに毎日投稿しているからこそ、依頼がきたのです。

番組制作者は、まずネット検索で番組の題材となる農家さんを探すようです。当農園はたくさん投稿しているので検索にかかりやすく、テレビやラジオ制作担当者からの問い合わせが多いのです。そのうち何件かが番組制作につながり、放送していただけます。これはすべて無料です！

メディアで取り上げられると、お客様の行動は次のようになります。

テレビで寺坂農園のメロンを見た↓おいしそうなので注文しよう！↓ネット検索↓ブログやホームページから注文↓メルマガがほぼ毎日届く↓次の季節に「秋野菜のＤＭ」が郵送で届く。

クロスメディア・マーケティングとは？

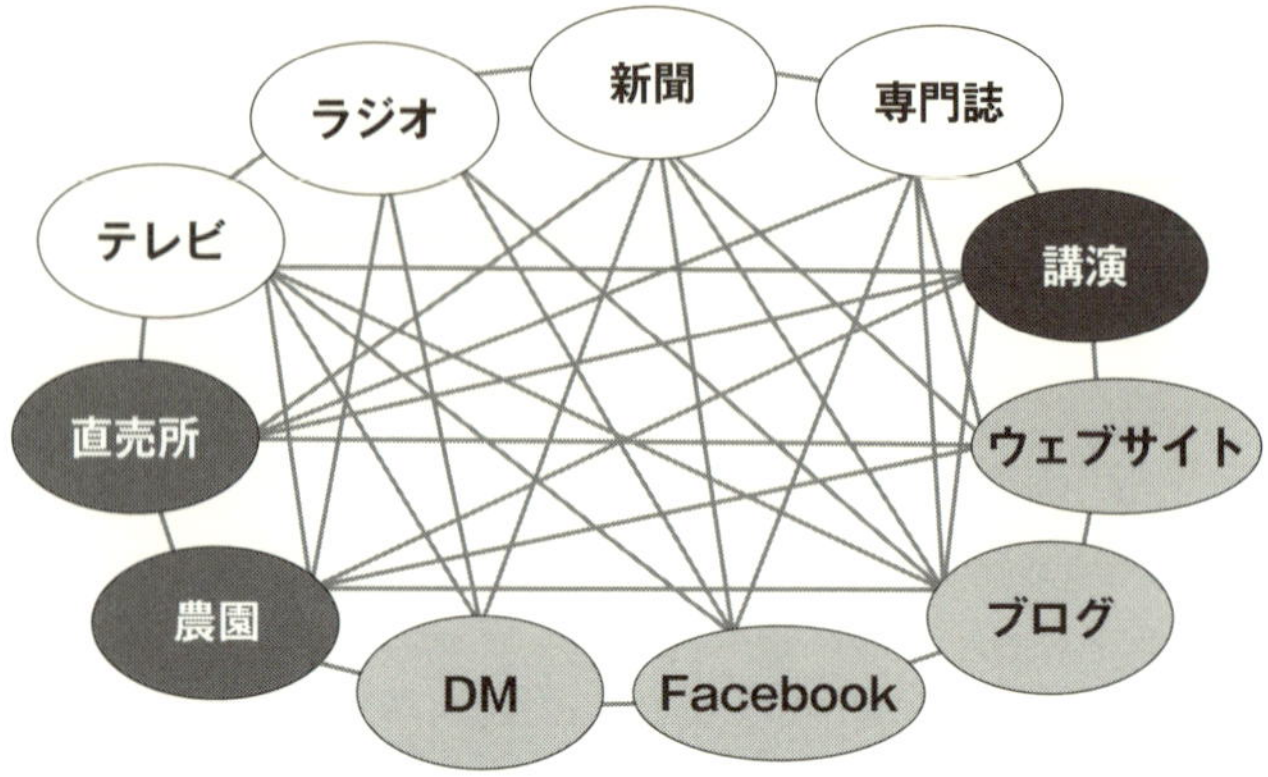

メディア・ツール・実店舗・農園などが複合的に相乗効果を生み出す

もう一例あげると、私は現在、「農家の直販」をテーマにした講演活動を積極的に行なっています。そこでの連鎖は、

講演に参加↓フェイスブックでつながって交流する↓ホームページで実際に注文する↓メルマガがほぼ毎日届く↓実際にメロン直売所を訪れて購入↓次の季節に「メロンのＤＭ」が郵送で届く。

このようにしっかりとお客様とつながることができます。

この２つを図にすると上のようなイメージです。

さまざまな販売促進活動が複合的に作用し、

相乗効果が働いて直販全体での売上増加につながるのです。こうなると、広告費を下げても売上が落ちず、損益分岐点が下がってくるので利益が出やすくなってきます。

残念なのが、「テレビ番組に取り上げてもらえたけど電話番もいないし、ホームページもできていないので、注文を取り逃してしまった」といったケースです。せっかくのチャンスがもったいないですね。

直販していることを知ってもらい、出会ったお客様とどれだけ接触してつながりを深められるか？　クロスメディア・マーケティングを意識しながら、直販に取り組んでいきましょう。

やっぱり「リアルでの交流」が一番！

ここまでお読みになって、「寺坂農園って、ネットが強い」というイメージを持たれたかと思いますが、そうは言っても、やはりお客様と実際にお会いしての交流が一番です。

一気にお客様との距離が縮まるので、継続購入につながる上得意様になってくれることが多いのです。

リアルにお会いして交流できる一番の場所は直売所。私はメロンの収穫シーズンになったら、できるだけ直売所に立つようにしています。情報発信を担当しているのは社長の私と広報の社員です。やはり、実際にお客様と接する最前線にいるのがベストです。

ずーっとフェイスブックでしか交流したことのなかったお客様が来店したときは、それはもう感激です！

お客様はすでに寺坂農園のことをよーく知っていますので、「やっとお会いできましたね～」と会話が盛り上がります。

フェイスブックのオフ会を農園で開くのも楽しいものです。普段お会いすることのないお客様に、農園に来てもらうきっかけとなります。

寺坂農園で直販している野菜で作ったカレーやサラダで、みんなでランチ。かぶり物をかぶっての記念撮影や、寺坂農園○×ゲームなど、一緒に楽しいひとときを過ごします。参加してくれたお客様はみなさんフェイスブックをしているので、チェックイン（自分の位置情報を知らせる機能）してくれたり、オフ会に参加していることを投稿してくれたりするので、参加できなかった人にも農園の様子が伝わっていきます。

さらに、私が東京に出張したときは、「寺坂農園フェイスブックオフ会」を開催。お客様との単なる飲み会なのですが、お客様のリアルな声を聞きながら、楽しく会食をします。

これがまさに〝情報の宝〟。オフ会に参加してくれるお客様は〝大ファン〟レベルのお客様です。そこで聞ける「寺坂農園の好きなところ」「どこで寺坂農園を知ったのか」「寺坂農園の直販で取り寄せた感想」などなどは、とても貴重な情報です。

どんなところにお客様の喜びや感動があるのかを直接聞けて、これからの取り組みや記事の投稿に役立つ、生きた情報を得られるのです。

インターネットが発達して、顔を合わせなくても買い物ができたり交流ができたりする時代だからこそ、逆にお客様と実際にお会いして交流を楽しむことに価値があります。

直販への地道な取り組みが「奇跡」を起こす

これまで直販に関する一連の取り組みを説明させていただきましたが、いかがでしたか？

「こんなにできない。無理、ムリ！」

そう思いましたか？

あらためて振り返ってみると、直販しながらお客様とのつながり、関係を深めようといろいろやってきたんだなぁ〜と、私も思いました。

で、その結果どうなるのか？

4〜5章にかけて説明したことを地道に取り組んでいた結果、奇跡が起きたのです。

DMの成約率で、すごい数字がでました。

成約率とは、見込み客にDMを郵送して、何％のお客様が成約してくれるかです。

この成約率が急上昇したのです。

新聞折り込みチラシの場合、昔から、1000枚配布して3件のレスポンス、0・3％くらいの成約率だと言われてきました。今はもっと低い数字になるかもしれません。

DMは、既存のお客様に送る場合5〜7％くらいでしょうか。当農園でもSNSに積極的に取り組む前は、野菜のDMで7〜9％でした。成約率が10％を超えるDMは大成功と言えるでしょう（もちろん採算ラインは商品の単価、利益率などよって、大幅に変化します）。

それで、現在の寺坂農園のDMの成約率はと言うと……

平成26年6月に、既存のお客様に郵送した「メロンとトウモロコシご案内DM」の成約率が、**23・4％**でした。これには驚きました。4通出したら1件の注文がくるという、高い数字です。

DMは広告費の中でもコストがかかる手段ですが、23・4％という結果だと、一件の注文に対する広告費用（注文獲得単価）もぐっと下がります。

費用対効果がよく、損益分岐点も下がるので、利益が出て運転資金が生まれ、翌年も農業と直販に取り組む資金繰りに余裕が生まれます。

こうなると、農家の直販はおもしろくてやめられません！

成約率は、「お客様とのつながりの深さ・信頼度」を表わす数字だと思うのです。お客様からの信頼を守り、もっとお客様に愛される農園になれるように、「農業」と「伝えること」に取り組んでいきます。

5章

生産から収穫、発送まで「どうやったらできるか？」を考え抜く

「1-3-5の法則」は農業にも当てはまる

寺坂農園の直販は、ここ3年間は約1・1億円の売上で安定しています。

直販をはじめて16年、ダイレクト・マーケティングに取り組んで8年目で売上1億円を超えたのは先に説明したとおりですが、**売上が伸びていく過程で、「成長の踊り場」**を体感しました。踊り場、つまり、考え方や経営手法を切り替えなければ事業の成長がそこでストップしてしまうポイントがあるのです。「1-3-5の法則」とも言われるものです。

農業経営においての「1-3-5の法則」とは、売上1000万円前後までは、家族経営でがんばればできる感じです。ここで「踊り場」がきます。1000万円まで売上を伸ばしたからこそ、違って見える世界があったのです。

1000万円の踊り場に到達してはじめて、「こうやったら売上3000万円の経営が実現できそう」と、見えてきます。しかし、実現するには〝今までうまくいっていた方法〟を手放し、違う方法を取り入れなければなりません。

私の経験だと、トラクターを大きくするとか、思い切って規模拡大する、直販をはじめる、パートさんの雇用をはじめる、などです。で、がんばって売上3000万円になりました。すると、また踊り場です。そこに立つと、売上5000万円が見えてくるのです。ここでまた、売上3000万円まではうまくいっていた方法を手放し、新しいチャレンジをしなければ、5000万円にたどり着けません。

このように、「1-3-5」のタイミングで踊り場がきて、今までのやり方を変えない限り次のステージに行けないという法則は、知識では知っていましたが、本当でした。

振り返ってみると、売上6000万円の頃が、最も利益が出ていました。仕事はしんどかったのですが、法人化しなくてもよく、社員を雇用せず、十数名のパート雇用で仕事が回り、メロンの生産と直販への選択と集中で効率が高まり、経営のステージとしてはひと息つけた感覚でした。6000万円の売上なら、なかなかの農家ですよね。

しかし、私はそこでブレーキを踏むことはできませんでした。「売上1億の農業経営をしてみたい」、そんなワクワク感を抑えきれなかったのです。

直販での売上を伸ばし、生産現場でも改善を積み重ね、売上1億円超えをめざす過程でいろいろな経験をさせていただきました。
この章では、今までの体験を振り返って、「どうやって1億円超えを達成できたのか」を説明していきます。

社長は生産現場からの脱却をめざす

売上5000万円を超えて1億円をめざす場合には、経営者がいなくても農場が回るような仕組み作りと、人材育成が必要です。さらに、非常に手間のかかる直販に取り組む当農園では、右腕の他に左腕も必要でした。農業生産部門を任せられる人材と、直販部門を任せられる人材がいないと実現できませんでした。

常に心がけていたのは、「経営者のキャパシティ・限界能力＝売上」にならないようにすること。経営者が最前線で働いていては、経営者の体力・能力が売上限界点になってしまいます。

売上1億円超えを実現するには、社長がいなくても農園が回る仕組みを作り、組織で売上をあげていくことが不可欠です。その一環で法人化も進め、社員の給与体系と福利厚生などを整えて、中心となる社員が安心して働き続けられるようにと、会社組織の基盤作りも進めてきました。

生産現場の例だと、3000万円から5000万円超えをめざしている時期、悩んだ末に覚悟を決めて、私はトラクターの運転作業を手放しました。農作業スタッフにトラクターの操作方法や注意点をつきっきりで教えて、メロン畑の〝仕上げ耕し〟までできるように育てました。そこで浮いた私の労力を、直販の仕事に回すことができました。

それまでは「トラクターで畑を耕すには経験が必要で、畑のクセを知っている自分がやらなければならない」と思い込んでいて、朝早くから夜遅くまでがんばってやっていました。ですが、それでは私の農作業時間がキャパとなり、それ以上の経営はできません。

思い切って、メロン畑をトラクターで耕す作業を任せることを決意。しっかり教えると、100点満点とはいかないものの、スタッフでもちゃんと耕すことができて、うれしいのと同時にガッカリしたのを覚えています（笑）。

「自分でなければやれない」という思いは、錯覚だったのでした。

直販業務では、1000万円から3000万円をめざしている時期に、こんなことがありました。

通販は、商品・代金をクールにやりとりするだけになりがち。ですから、メールの返信にちょっとパーソナルな内容も含めて返信しています。定型文ではありませんから、「メールできた注文には、すべて私が返信しなければならない」と思い込んでがんばっていました。が、限度があります。メール対応だけでなく、メロン栽培作業も最前線で取り組んでいたのですから無理もありません。

「これでは売上3000万円なんて絶対ムリだ……」

悩み抜いた末に勇気を出して、電話受注担当のパートさんにしっかり教えて任せてみると、全然大丈夫でした。これにも衝撃を受けました。自分じゃなきゃいけないと思い込んでいた仕事は、実はスタッフでもできる仕事だったのです。

「農作業に逃げてはいけない」

「農作業に逃げていないか？」

メロンの生産量と直販が伸びていっているとき、繰り返し自分に問いかけた言葉です。

早朝から暗くなるまで、農作業に一所懸命に取り組む姿に、ほめてくれることはあっても、誰も批判の言葉は浴びせません。

ここに落とし穴があります。どうしても弱い私は、農作業に逃げてしまうのです。経営者として、トップとして、一番やらなければいけない仕事は、社員・スタッフが気持ちよく働けるように社員満足度を上げることと、売上を上げる（＝お客様が喜ぶ仕事をする）こと。

直販の仕組み作り、インターネット販売の改善、日々の情報発信、伝わるＤＭ作りなど、やるべきこと、やれることは無限にあるのです。ただし、これには勉強が必要ですし、頭も使うし、なかなかうまくいかないしで大変です。

だから油断すると、ついつい農作業に逃げてしまうのです。懸命に働いている姿に対して誰も文句は言わないし、身体を動かす仕事は気持ちよく、夜のビールも晩ご飯もおいしいのです。

ですが、それでは次のステージへ向けての農業経営の伸びがストップしてしまいます。

売上1億円超えをめざすために、５０００万円を超えた頃から徐々に現場の仕事から脱けて〝経営者がやるべき大切な仕事〟に力を入れていきました。

「自分でやったほうが早くてきれいだ」という〝内なる声〟が聞こえたら……

「現場の仕事をスタッフに任せたいけれど、自分でやったほうが早くてきれいだ」という声は、悪魔のささやきです。直販が伸びないように悪魔がささやいているのです。はじめて農作業を経験するスタッフも少なくありません。私も人間ですから、一緒に仕事をしていると、もたつく仕事ぶりにイライラすることもあります。

自分の中から「自分でやったほうが早くて仕事がきれいだ」という〝内なる声〟が聞こえてきたら注意信号！　その声が聞こえてきたら、「あっ、この仕事を任せられたら次のステージにいけるんだ」と自分に言い聞かせて人に任せていきました。

人を信頼して作業を教え、任せることができたら、次のステージに向かって自然と成長できた感覚です。自分でやってしまったらスタッフは成長することなく、言われた仕事しかしない農作業員になってしまいます。

経営者がいつまでも最前線でがんばりすぎてしまわないように、社員・スタッフを信じて仕事を任せ、しっかり業務が回るような体制作りを常に意識して実行していきました。

もともと非効率な農業生産。それでも効率を追求

メロン直販の伸びに合わせて、メロンの栽培面積、生産量も増やしていきました。するど、今までと同じ限られた経営資源では、それまでどおりの栽培品目を育てることはできません。メロン栽培と直販に絞り込み、選択と集中を進めたことは1章で書いたとおりです。

「農業は企業化されていなくて、生産効率が悪い」

テレビや新聞で、頭のよさそうな人がこうしたことをよく語っていますね。まるで「農業は国のお荷物」とでも言いたげです。「農業を経済効率で語るのなら、あなたがやってみせてよ」と、いつも思います。自然の営みに合わせて、天候リスクを背負い、地球が1年をかけて太陽のまわりを1周するサイクルで生産（製造ではない）しているのだから、はじめから効率が悪いに決まっています。

だからと言って、私は「農業は儲からない」と、あきらめたくはありませんでした。

一生貧乏のままなのは嫌だったので、考え抜きました。

ひとつの方法が、ダイレクト・マーケティングを取り入れた消費者への直販。

もうひとつは、メロンに特化することで一点突破をめざし、当農園の強みをより伸ばそうということでした。ですから常に「品質のよいメロンをたくさん収穫する」ことを追求し続けています。

ここでは、寺坂農園が行なっている生産効率を高める取り組みを紹介していきます。

長いビニールハウスで効率よく生産

現在、寺坂農園では長さ100〜120mのビニールハウス33棟で、約3万玉のメロンを生産しています。これは1ヶ所あたりの農地が広い、北海道だからこそできることかもしれません。

普通、施設園芸作物のビニールハウスの長さは50〜80mぐらいでしょうか。これ以上長くなると、家族労働ではビニールを被覆する作業が大変だったり、作物を均一に育てづらかったりと、デメリットが出てきます。寺坂農園も昔は、ビニールハウスの長さを50mに統一していました。しかし、生産量のさらなる拡大のために、ビニールハウス延長による効率化に踏み切りました。

長さ50mのビニールハウスでも、100mのビニールハウスでも、作業の1回は、1回です。畑の準備、苗の定植、灌水、片づけなどの各作業は、ビニールハウスの長さが倍になることで作業量も2倍、とはならず、効率的になるのです。50m2棟と100m1棟を比べて、手間が半分になることはありませんが、体感的には7割くらいの作業量になるように感じています。

100mのビニールハウス33棟で生産するのはもちろん大変ですが、50mのままのビニールハウスを66棟にした場合に比べると、作業量は大きく軽減されたでしょう。

作業だけでなく、施設の部材も倍になるものが多くあります。50mだと入り口・出口の部品も倍になります。灌水の部品や、開閉用の巻き取り部品の数も倍になるので、これらはまともにコスト増になります。

思いきって1棟あたり100〜120mの長いビニールハウスにしたことが、功を奏したと感じています。慣れるとこれが普通になりました。

ビニールハウスの温度調整に、全自動換気装置を導入

高温作物であるメロンの生育適温は25〜30度。ですから、北海道・富良野地域では、メロンが生育する3〜6月は気温が低すぎます。ビニールハウスのサイド換気は日照や風向

き、風の強弱に合わせて細かく開閉作業をしなければなりません。

朝、ビニールハウスを開けて、夕方涼しくなったら閉める。これでは、いいメロンが作れないのです。日差しが強くなり、ビニールハウスを開けるのが遅れたら中は高温となり、メロンの生育に影響がでます。ましてや〝開け忘れ〟してしまったら、40度以上の高温になり、葉が焼けただれたようになって全滅です。私も22年間のメロン栽培の中で、4度ほど失敗しています。

メロンの温度管理作業はまるで、「寝ている赤ちゃんの肌かけ布団の様子を見る」ような感じです。暑くなったら開ける、風が吹いたらすぐに閉める。温度管理担当者は、メロンのビニールハウスから離れられません。

そんなメロンの温度管理作業も、ビニールハウス17棟を管理している頃まではすべて手動でした。ひとつのビニールハウスに左右1台ずつ手回しの巻き取り機がついていて、「風向き、風の強さ、日が照る、曇る、降雨」などの天候の変化があったら、そのたびに巻き取り機をクルクル回してサイドフィルムを開閉し、中で育つメロンの生育適温になるように調整します。

17棟ということは、天候が変化するたびに30以上の手動巻き取り機をクルクル回すことになります。これがホント大変で……。晴れたり、曇ったりと変化の多い日は、1日中ビニールハウスの開閉作業をしているようなもので、通常作業が進みませんでした。

そうは言っても、「天候が寒かったからメロンが小さいです」ですまされないのが直販。市場出荷なら変動相場ですので、小さいメロンを出荷した場合にはそれなりの価格がついて出荷終了となりますが、お客様への直販では、すでにご注文をいただいているので、「ダメでした」ではすまされません。異常気象を例外として、どんな天候でも大きくて甘いメロンをたくさん育てて、お客様の期待に応えるのが使命なのです。

この温度管理の問題は、思いきって全自動換気装置を導入したことで、一気に解決できました。ビニールハウス内は常に設定した温度になるように温度センサーが働いて、換気装置が自動で開閉作業を続けてくれます。

300万円を超える投資となりましたが、手動での巻き取りの温度管理作業からも解放され、より多くのメロンを安定した品質で生産できるようになりました。

こういった効率化のための取り組みによって、「これ以上は無理」の限界点を突破し、メロン生産量を増やすことができたのです。

作業のチェックとルール作り

寺坂農園でのメロン栽培は、6月下旬～9月上旬にかけて収穫できるように、約10日ずつ、種まきの間隔をずらしています。栽培管理作業を分散させ、収穫期間を長くするためで、ビニールハウス33棟を1～4棟ずつ13回に分けて栽培管理をしています。

多棟数管理で、しかも生育ステージが13段階。作業管理は大混乱してしまいました。どこで何の作業を、どの順番でしなければならないのか？「5番のあの作業はやった」「13番のあの作業をやり忘れている」と、栽培管理作業のピーク時には混乱し、作業が遅れたり大変なことになりました。

そこで、「作業チェックシート」を作りました。

ほぼメロン単作の経営なので、同じ作業を13回繰り返せば、メロン栽培は完了することになります。生育ステージごとに、ビニールハウス番号、作業内容が表になっていて、作業が終わったらその日付を記入していきます。

作業チェックシート

メロンの種まき管理・実態掌握計画

		ハウス番号	株周り	ツル曲げ&9節まで	腰下除草剤	成りヅル5本残し	開花日	成りヅル1回目	成りヅル2回目	摘果	摘心	皿敷き	玉返し	玉返し&玉回し	ハウス番号
ルビアレッド	1	5	4/1	4/10	○	4/30	4/30	5/1	5/2 5/5	5/10	5/8	5/13	6/3	—	5
		6	4/1	4/10	○	4/30	4/30	5/1	5/2 5/8	5/10	5/8	5/13	6/3	—	6
		12	4/1	4/10	○	5/1	5/2	5/3	5/5 5/7	5/10	5/10	5/14	6/4	—	12
		13	4/1	4/10	○	5/1	5/2	5/3	5/5 5/6	5/12	5/10	5/14 16	6/4	—	13
	2	25	4/21	4/30	○	5/4	5/7	5/7	5/9 5/11	5/16	5/13	5/21	6/9	6/15	25
	3	8	4/23	5/2	○	5/9	5/10	5/11	5/13 5/15	5/22	5/17	5/26	6/12	6/20	8
	4	18	4/20	5/6	○	5/13	5/13	5/14	5/17 5/20	5/28	5/28	6/2	6/16	6/21	18
		19	4/27	5/9	○	5/14	5/14	5/15	5/18 5/21	5/29	5/28	6/2	6/17	6/21	19
		28	4/27	5/9	○	5/14	5/13	5/15	5/17 5/20	5/29	5/27	6/2	6/16	6/21	28
	5	9	5/2	5/12	○	5/18	5/21	5/22	5/24 5/29	5/31	6/7	6/1	—	6/28	9
		22	5/1	5/11	○	5/16	5/20	5/21	5/23 5/25	6/1	6/6	6/1	—		22
		30	5/1	5/11	○	5/16	5/20	5/21	5/24 5/24	6/1	6/6	6/1			30
	6	29	5/1	5/12	○	5/19	5/21	5/23	5/25 5/31	6/2	6/8				29
		32	5/1	5/12	○	5/16	5/21	5/22	5/26 5/30	6/1					32
		3	5/2	5/13	○	5/19	5/21	5/23	6/5 6/11						3
		4	5/2	5/13	○	5/18	5/21	5/23							4
	7	21	5/15	5/24	○	6/3	6/2								21
		14	5/15	5/24	○	6/2									14
		15	5/15	5/24											15
フラ	8	7													7
		20													20

メロンの生育ステージごとの作業を終了すると日付を記入。表の左上から右下に向かって順に日付で埋まり、作業工程が進んでいる状況を確認できます。まだ終わっていないのは「○番ビニールハウスの○○作業」と、ひと目でわかるので、畑に見に行って生育の進み具合を確認しつつ、優先順位をつけて作業に入るのです。

当農園では、農場長と専務が打ち合わせをしながら、メロンの栽培管理作業を進めています。この表を手にメロン畑を見て回り、翌日作業するビニールハウスを決めていきます。

農作業スタッフは10〜15名。毎日朝礼で、今日の作業内容と注意点、ビニールハウス番号を説明し、作業スタッフを振り分けていきます。

これを毎日繰り返して、すべてのメロン栽培管理作業を順番に進めているのです。

他に、農薬散布作業も同様の一覧表を作り、順番に作業をしています。

シーズン前に、今年はどの農薬の組み合わせで、どういうローテーションで散布していくかを決めて一覧表を作り、メロン畑での病害虫発生状況を見ながら農薬散布していきます。

病害虫の発生がない場合は、絶対に欠かせない栽培管理作業とは違い、農薬散布はしません。あくまでも発生状況に合わせての作業となります。

この一覧表を作ったことで、作業の進捗状況を、前年と簡単に比較できるようになりました。一般的な作業日記より比較しやすくて、一覧性が高いのがいいですね。

「どうやったらできるか？」常に自分に問いかける

「寺坂さんだからできたんですよ。私にはできないです」

農家さんとお話ししていると、大規模メロン栽培と直販についてこのように言われがちです。うーん、「できない」と思ったらそこでおしまい。成長がストップです。

私は、「誰も成功を邪魔しない。抵抗するのは自分だけだ」と考えています。自分を支配している無意識の部分が、「そこまでやらなくてい」「できない」と心のブレーキをかけてくるのです。

これは人間だから仕方ありません。変化は怖くて当然です。ですが、怖いのはみんな一緒。だからこそ、やった人だけが突出し、お客様に認知してもらうことができ、直販で有利になっていくのです。

成長プロセスは3段階あると考えています。

まずは、**「あ、自分が抵抗している」という気づきの段階。**

そして次に、**「どうやったらできるか?」という突破の段階。**

最後に「やった、できた」と成功体験を噛み締め、自信をつけて、**次のステージへ向かう力の源泉とする段階。**


この3つを繰り返して、自分の「枠」を壊し、セルフイメージを上げて成長していくのだと思っています。


私の実例をあげてみます。

5年ほど前。メロンの規模拡大を進め、ビニールハウスが23棟になり、生産現場も直販業務もてんやわんやの頃です。

「農家直送」が売りの札幌の居酒屋で、「ホワイトアスパラガスの炭火焼き」を食べて大感動しました。ジューシーで甘いながらもほろ苦さがアクセントになって、「ホワイトアスパラってこんなにうまいんだ!」と、とにかく驚きました。

そのときすでに「感動野菜産直農家」という商標を取得していたのですが、「これが本当の感動野菜じゃないか!」と、かなり敗北感を味わいました。

「このホワイトアスパラガスを、当農園のお客様にお届けしたい」
やりたい気持ちが湧き上がる一方で、もうひとりの自分が「ムリ、絶対にムリ。なぜなら……」と言ってきます。

冷静に考えても、簡単なことではありません。北海道のメロン栽培とアスパラガス栽培は作業期間がぶつかるので、栽培体系から見るとかなり相性が悪いのです。しかも当農園はたくさんメロンを育てているので管理作業が忙しく、「誰がホワイトアスパラガスを収穫するの？」の質問に答えられません。

「やっぱりムリだよな」
と、思った瞬間、「あっ、自分が成長にブレーキをかけてるんだ。誰も邪魔なんてしてない」と気がつきました。

私は、おいしいホワイトアスパラガスをお客様に直送したい。では、どうやって？ と考えると解決策はたくさんあり、それらを実行していくことは大変でしたが、ホワイトアスパラガス栽培が実現してしまいました。収穫時期は忙しいですが（笑）。

今ではグリーンアスパラガスとホワイトアスパラガスの2種類セットが大人気で、たくさんのご注文をいただいています。お客様から喜びの感想が届くたびに、勇気を出して踏み出してよかった、と思います。

もう一例。

直販が伸びていくのに合わせて、メロンの栽培面積、生産量を増やしていきましたが、さすがに平均１００ｍのビニールハウスを17棟、面積にして１・５ヘクタールまで拡大したときには「これで限界だ」と思いました。

家族も「もう勘弁してくれ」という気持ちだったと思います。直売所もある。通販受注業務もある。そして生産現場もある。パートさんも13名ほどに増えて労務管理の心労も重なり、「この辺で限界だな……」と感じていました。

しかし、これでは成長がストップです。

当時、36歳。このまま平行線で一生を終えるのはつまらない。メロンが人気で売り切れるくらいですから、もっと生産量を増やせば売上も伸びて、喜ぶお客様も増えるのです。どうしたらさらにビニールハウスを増設して、仕事をこなすことができるか？　考えました。すると、解決策はあるものですね。

全自動換気装置の導入、パートスタッフの増員、育苗ハウスの拡充、ビニールハウス資材購入費は融資を受けて……などなど、方法はいくらでもありました。

そして今では１００ｍ超のビニールハウスが33棟、富良野地域でも最大規模のメロン栽培をしながら、すべて直販で販売できるまでになりました。

直販における販売面でも、心理的な壁がありました。

当農園ではメロン直売所の前で、カットメロンマンのかぶり物をかぶって旗振りをしています。集客の仕事ですね。社長の私もたまにかぶって旗を振ります。

田舎ではそんなことをしているお店、ましてや直売所はありません。ですが、メロンの生産量を増やした年だったので、ちょっとメロンが過剰気味でした。

カットメロンマンのかぶり物をして旗振りすればお客様の目にとまり、来客数も増えるのはわかっています。ですがもうひとりの自分が、「そこまでやる必要はない」とささやき続けるのです。

第一、恥ずかしいですし……。でも、そこで気づいたのです。

「あ、恥ずかしいのはみんな一緒だ。それをやったところ、できたところだけがお客様に選ばれる。誰も邪魔しているわけじゃない。自分がブレーキをかけているだけなんだ」と。

旗振り初日。社長である私が先陣をきり、思いきって直売所前で旗振りをはじめたのです。そして3年過ぎた今……。富良野地域非公認キャラながら、カットメロンマンは人気キャラクターとなっています。一緒に記念撮影をするお客様がたくさんいるのです。

「そこまでやる必要はない」

これはもう、神様からの信号です。

この言葉が自分の中から聞こえてきたときは、あえてそれをやってみると、次の仕事ステージ、人生ステージに突入できると確信しています。

やっぱり大事な「土作り」

寺坂農園の作付体系は、ほぼメロン単作なので、毎年同じ畑にメロンを植える〝連作〟になるのが欠点です。

メロンの植え付け初年度は、処女畑となるので生育が暴れやすく育てづらいのが、3～5年目には落ち着いてきてメロンが育てやすくなります。ですが、その後は連作年数が進むにつれて生育が弱くなっていきます。

生育が弱くなることにとどまらず、メロン特有の病害虫が発生しやすくなり、土の微生物性も片寄るのでよくありません。

ビニールハウスごと数年おきに移動してメロンを育てるのが理想ですが、労力・資金面から現実的ではありません。

この連作問題を乗り越えるために取り組んでいるのが、「苗の接ぎ木」と「土作り」です。

メロン苗の接ぎ木とは、〝おいしいメロン品種〟に、根の部分を〝生育が強く病気に強いメロン品種〟を接ぎ木して苗を育て、メロン畑に植えて育てていくものです。

接ぎ木用の品種もいろいろあって、メロン畑の連作年数や前年の生育の状況を判断して、根の強さ・病気の強さなどから選んでいきます。生育が弱いと、収穫直前に弱りすぎて味と甘さがのらなくなりますし、生育が強すぎると実がつかなかったり、最後にメロンが裂果したりしてよくありません。

メロンのおいしさは品種の影響が一番大きいです。根から上の部分はおいしいメロン品種で、根の部分は強く生育する品種の組み合わせで、理想の樹勢（生育の強弱）にもっていくのです。

土作りへの考え

私は「土は生命体そのもの」だと思っています。1gの土に1億の微生物がいると言われていますし、土そのものが生命の神秘に包まれた生き物だと感じます。

理想は、水分を保持しやすく、通気性もあって、微生物や小動物が住みやすい土です。「土・空気・水」が4対3対3の構成比が望ましいと言われています。そんな土だと病気が出づらく、作物は根を伸ばしやすく、生産性の高い畑になります。

では、寺坂農園で取り組んでいる土作りを説明していきましょう。

①土を踏まない

いかにトラクターなど重量のある機械で土を踏まないようにするかにこだわっています。寺坂農園の農地は水田転作で、下層は泥炭土。その上に約20㎝ほど粘土を客土《きゃくど》しています。水田が元になっているので、物理性がいいとは言えません。粘土は、乾いたらカラカラ・コチコチになり、水分が多いとネトネトして、ふわふわで柔らかい理想の土をめざすには、かなり注意して取り組まなければなりません。

いかに土を踏まないか？ 土を踏む圧力を踏圧《とうあつ》と言いますが、土を踏み固めないように土作りしています。重量のあるトラクターのタイヤなどで土をギュッと踏み固めると、土・空気・水分のバランスが崩れてカチコチの土になり、根が伸びづらく微生物の住みづらい土になってしまうのです。土が死んでしまうような感じです。

そのために、土壌水分が多いときは、トラクターなど重量のある機械はメロン畑に絶対に入れません。土壌の水分が多い状態で踏圧がかかると、土壌の粒々（団粒構造）が破壊されてしまうからです。理想の団粒構造の土を作ってきた努力が一気に吹き飛んでしまいます。

トラクターなど重量のある機械を畑に入れるときは、かならずスコップで25㎝ほど掘り返して土の中の水分状態（理想は50～60％）を確認してから、耕起などのトラクター作業に入ります。

さらに、寺坂農園ではいかに踏圧を減らすかにこだわり、ハーフクローラートラクターを導入しています。重量のかかる後ろタイヤの部分が幅広いゴムのクローラーになっていて、土を踏み固めず、土にやさしいトラクターなのです。本来はぬかるむ水田用なのですが、土にやさしいので野菜畑にも最適。普通の4輪タイヤのトラクターより100万円ほど高いので、このトラクターをビニールハウスに導入している農家はきわめて少ないのですが、私は「土は生き物」と考えているため、思いきって投資しています。

ハーフクローラートラクターで土にかかる踏圧は、人間が足で踏んだ圧力と変わらない程度。2年ほど使うと確実に土が軟らかくなり、団粒構造が発達してきます。

土にやさしいハーフクローラートラクター

根の張りがよくなることは間違いなし。メロンの生育がよくなり、土壌の微生物性の多様化にも貢献するので、土壌病害も出にくくなります。

寺坂農園では最長で22年連作しているメロン畑がありますが、いまだ深刻な土壌病害を発生させたことはありません。

②自家製発酵肥料・ぼかし肥

メロン栽培で散布する有機質肥料は、自家製発酵肥料「ぼかし肥」を作り、畑に投入しています。

ビニールハウス内で、カツオ魚粉末、米ぬか、菜種カス、炭などを混ぜ合わせ、種菌を入れて水分を50％ほどに調整すると、50度を超える高温発酵がはじまります。1日1回切り返しをして酸素を供給し4日間発酵させたら、薄く広げて太陽光で乾燥させます。

もうこれは、カビがびっしりと生えた微生物肥料。アミノ酸や酵素、有効菌がたっぷりの生きた肥料の完成です。

スコップでの切り返し、撹拌作業、発酵管理の作業は大変ですが、ぼかし肥づくりは続けています。正直、この手作り発酵肥料がどの程度、最終的にメロンの味や品質に影響しているかは、科学的に証明できません。ですが信念とストーリーがあります。

すべてお客様に直販するメロン農家だからこそ、土とメロンによいと思う仮説は可能な限り実践して、その想いも届けていきたいのです。

③緑肥栽培

北海道・富良野地域の作物栽培期間は、非常に短いです。種まきがはじまるのが4月下旬から。10月上旬には霜が降りるので、作物の生育はストップ。11月に雪が降り、下旬には根雪となってしまいます。

作物生育可能期間は、露地だと実質5ヶ月ちょっと。それでも可能な限りメロンの後作として、緑肥を作付します。緑肥とは、ただ肥料として耕し込むために育てる作物のこと。

目的は、微生物性の多様化、有機物の供給による団粒構造の発達、などです。

わかりやすく言うと、メロンばかり育てた畑に、他の作物も間に入れることによって、連作障害を緩和しようという栽培技術です。

寺坂農園はメロン単作で、しかも連作しているので、緑肥栽培による土作りは真剣勝負です。メロンの収穫が終わったらすぐに片づけ開始。緑肥としてエン麦やひまわりの種をまいて散水し、発芽・生育させます。

7月に収穫が終わったビニールハウスでは、8~9月の2ヶ月間の生育期間が確保できるので、大きく生育させて土に耕し込むことができます。

緑肥作物もある程度の生育量が確保できなければ、その目的を達することができません。8月にメロンを収穫し、すぐに緑肥栽培開始だと、富良野地域では遅くても10月上旬には畑に耕し込まなければならないので、緑肥の生育期間は1ヶ月半とギリギリ。急いで慌ただしく作業を進めています。

メロン収穫後の緑肥作物栽培自体はまったくお金を生みませんが、土にかける想いと努力は必ず返ってくると信じています。

④秋肥（礼肥）の投入

秋に緑肥作物をトラクターで耕し込むときに、魚粉末を大量に（10アールあたり500kg）散布。そして緑肥と一緒に土に耕し込みます。

メロンを収穫したお礼に、魚の粉末をたっぷり土に与える、そんなイメージです。緑肥の繊維を微生物が分解するときに、魚粉末の栄養が微生物のえさとなり、分解を促進します。数日後に土の中を掘り返すとブワァっとカビが生えていて、とても生命力を感じます。微生物が活発に活動すると土壌の団粒構造が発達し、フワッと柔らかい生きた土になっていくのです。

この秋肥散布は冬を迎える前の作業です。50万円ほど魚粉末のコストがかかりますし、散布するのも大変ですが、「土に貯金している」と思って続けています。

以上、寺坂農園の土作りについてご説明しましたが、「しっかりやった分、土は裏切らない」と感じています。科学的に論理的にすべて解明・説明することはできず、あくまで先輩農家から学んだことの実践と、自分の仮説と経験を基に取り組んでいますが、土を生き物として大切に接しているかぎり、必ずよりよい作物の生育につながっていくと信じています。

農協さんや市場への出荷だと、こういった取り組みはなかなか評価に結びつきませんが、お客様への直販だと、一連の取り組みや自分の考えをインターネットやニュースレターでしっかり伝えることができるので、それをお客様が知って理解してくれるのはうれしいですね。

栽培環境の理想を追求し続ける

天気が悪くてダメだった。

それではすまされないのが直販農家です。品質が一定レベルにある農産物が届くのを、お客様は期待して待っています。プロの農家としてその責任を果たすために、育てる作物に最適な栽培環境を整えて高品質を追求していきます。

若い頃から多くの先輩農家から栽培技術を教えてもらい、栽培している現場を見てきましたが、篤農家と呼ばれるプロの農業者はこれができています。

メロンの原産地は中東のあたり。栽培には温暖で水はけがよく、乾燥した気候がいいと言われています。この栽培環境を実現できれば、高品質なメロンを安定生産することができます。

逆に、湿気があって水はけが悪く、風通しが悪い栽培環境だと、病気や害虫が多発し、生産も不安定になってしまいます。

病害虫が止まらなかったりと、私もたくさんの失敗をしました。

その経験を元に、今、取り組んでいるメロンの栽培環境作りを説明します。

排水のよい畑作り

ひとつは表面排水をよくすることです。

メロンのビニールハウスが並んでいると、大雨が降った場合にハウスとハウスの間に雨水がたまります。急激に大雨が降って、その雨水がビニールハウス内に流入してしまうと、生育コントロールができなくなります。これが収獲間際だった場合、水っぽくて糖度の低いメロンとなり、全滅です。

そこで、ビニールハウスの間には必ず「明渠《めいきょ》」という排水用の溝を掘り、畑をその排水溝までつなげて、雨水がスムーズに流れるようにしておきます。

近年、ゲリラ豪雨などがよく発生していますが、北海道の場合は特に8月、本土から北上してきた台風が熱帯低気圧に変化して停滞し、大雨が降るケースがあります。また、北海道には梅雨がないと言われていますが、2010年には7月に梅雨前線が停滞して1ヶ月ほど雨が降り続いたこともありました。

急な大雨に備えての表面排水対策は重要です。

もうひとつは、「暗渠《あんきょ》」という地下排水対策です。

ビニールハウスの間の地下80～100cmに細かく穴の開いた排水管を埋めて、畑の地下の水を抜く設備です。特に水田の転作畑だと、この設備は絶対に必要です。水はけのよい畑にしてメロンに適した栽培環境を整備していくためです。

この暗渠排水も、もちろん33棟あるビニールハウスの間すべてに張り巡らせています。土が湿気っていては、作物の根張りもよくありません。

水を貯める水田など、水の中で育てる作物は例外として、どんな作物でも排水性は大切です。寺坂農園では、どんな天候でも安定して生産できるよう、「今年は雨が多くて、ダメだった」にならないように、表面排水対策の明渠、地下排水の暗渠、両方にしっかりと取り組んでいます。

客土

すでに説明したように、寺坂農園の土壌は粘土質で、基本的に物理性がよくないため、「客土」という方法で一気に改善する取り組みもやっています。

「客土」とは、山土などの土を購入・運搬し、畑に入れることです。

寺坂農園では、連作年数の長いビニールハウスから順番に、良質な山土を購入して客土しました。そのメリットは3つ。

新鮮な土が混ざることによって、ミネラルや微量要素が補給され、メロンの生育がよくなります。

次に、フワフワで柔らかい山土を混ぜることによって、一気に土の物理性がよくなります。メロン苗を植えると根付きがよく、根の張りもよくなって生育が旺盛になります。

3つ目は客土することにより、ビニールハウスの中の土が盛り上がるので、土の乾きが早くなり排水性も向上します。大雨が降っても、ビニールハウス内の土が盛り上がっているために雨水が染み込みづらくなるのもメリットです。

いいことずくめの客土ですが、実際にやるには手間とコストがかかります。10トンダンプから降ろされた山土を、ビニールハウス内に何回も何回もトラクターで運び入れて広げる作業は大変です。富良野地方で、ビニールハウスの中に客土している農家さんはほとんどありません。

ですが、当農園はメロンのための理想の環境作りをめざし、客土にも思いきって投資しました。結果、雨が降り続くときでも、メロンの甘さ・品質が安定するようになりました。「寺坂農園さんのメロンは、いつもおいしいね」とお客様に言ってもらえたときは、「よっしゃ！」と、思わずガッツポーズです。

やった分だけ返ってくる。農業のやりがいとおもしろさを感じる瞬間ですね。

たくさん失敗することが「成功への近道」

よく言われることですが、「失敗＝経験」は真実です。

寺坂農園が多くのお客様に支持され、直販に特化してここまでできるようになったのは、たくさんの挑戦と失敗があったからです。その失敗量＝経験量が圧倒的だからです。手痛い失敗が続いたり、つらい経験があって眠れないこともたくさんありましたが、すべて自分の肥やしになっています。

16年前の26歳の頃。今の三分の一くらいの規模でメロン栽培をしていた頃の話です。規模が三分の一と言っても、それでも50ｍのビニールハウス17棟の生産で、父親はサラリーマン。母と2人でやっていたので、とてもがんばっていたと思います。

そのとき思ったのは、

「毎年これだけたくさんメロンを育てていて、誰にも負けないくらい失敗を経験し、繰り返さないように改善し続けたら、いつか本当のプロ農家になれるはずだ」

そう信じてメロン栽培に取り組み続けました。

私が今、人に誇れるとしたら、この挑戦と失敗＝経験の数です。

今思うのは、「たくさん挑戦してよかったな」ということです。経験を元に改善し、翌年また挑戦して……とＰＤＣＡサイクル（仮説→実行→経過を見る→改善）をガンガン回した結果、他よりちょっとだけ突出することができてブランディングも進み、直販が伸びていったという感覚です。

とんでもない失敗もたくさんしています。

前年度にトウモロコシを育てて、その茎葉残渣を「緑肥を兼ねて」土作りとして畑に耕し込む。翌年、ビニールハウスを建ててメロンを育てたら……土壌中で未熟有機物（この場合、トウモロコシの茎葉残渣）の分解ガスが発生し、植えたメロンに生育障害が。収穫量がガタ落ちし、ウン百万の損失……。未分解有機物があるままの状態でマルチシートで土を覆ってメロンを栽培することは危険であると学びました。

ビニールハウスの多棟数管理技術は、今の寺坂農園の強みですが、過去には失敗を重ねています。

全自動換気装置を導入した当初、「温度が上昇したら開く」と思い込んでいました。ある日の早朝、ビニールハウス内のトンネルビニールを一棟だけ開け忘れたことが致命傷になりました。外側のビニールハウスはセンサーが温度の上昇を感知して最大で開いているのに、中のトンネルは閉まっているので温度は50度超えに。気づいた午前9時半にはメロンの葉がチリッチリに焼けてしまって全滅。約２００万円の損失……。

あぁ……、悪夢のような経験だらけです。まだまだ、言えないような失敗もたくさんあり、メロンの栽培・直販の失敗事例だけで1冊の本が完成しそうです。

ですが、そのたびに改善と再発防止策を打ってきました。その積み重ねによってしか、成長できないのかもしれません。

失敗したとき、「よっしゃ！　勉強になった。また成長できる！」と喜べたら、挑戦し続ける気持ちが継続して農業経営が楽しくなっていきます。

得た信頼を失わない「発送ミスを防ぐ仕組み作り」

寺坂農園の欠点のひとつは、受注・発送業務でのミスが多いところです。

今、当農園では、この部分に一番力を入れています。ここ3年間は売上を伸ばさずに、社内業務を磨くことに重点を置いて、特に受注・発送業務をいかにミスなく正確にできるか、業務改善と仕組み作りに取り組んでいるところです（平成27年は発送ミスを激減させることに成功しました！）。

恥ずかしい話ですが、昔は本当にひどい状態でした。

受注・発送業務で使う販売管理ソフトは、市販の6万円くらいの製品を使っていましたが、売上3000万円くらいで業務がパンクしました。

「頼んだメロンが届かないんだけど！」

お客様から怒りの問い合わせ電話が入ります。

「すみません！　調べて折り返しお電話します」

販売管理ソフトに入っている受注伝票データを見ても、原因がわかりません。

そこで元となる注文用紙を受注班みんなで手分けして必死に探します。問い合わせの注文は、「受付済みなのか？　データ入力後なのか？　発送前なのか？　配達中なのか？　発送済みなのか？　入金待ちなのか？」。

こんな状態でしたから、問い合わせへの対応に、かなりの手間と時間がかかっていました。

さらに注文用紙の整理ミスで全然違うところに入っていたりしたら最悪です。誰にもわからず結局発送されないので、クレームとなってしまいます。

恐ろしいのはここからです。

シーズン3ヶ月で発送個数が100〜1000個なら、販売管理ソフトのデータと紙の注文用紙の両方で管理して、何とか対処できました。それがピーク時に1日に300箱のメロンを発送するようになると、悲惨なことになりました。

どうなったかと言うと、注文がきても、発送ミスが多いのでクレーム対応に追われ、注文を処理しきれない。販売管理ソフトにデータを入力していないので、問い合わせに答えられず、紙の注文用紙探しで大忙しに。

なのに、メロンはどんどん収穫されてきます。宅配便の送り状と納品書をどんどん印刷し、メロンを発送しなければならないのに、受注伝票の入力業務が追いつかなくてメロンが発送できず、倉庫には収穫されたメロンが溢れてくる。そして「どうなっていますか？」とのお客様からの電話は鳴り止まない……。

あぁ、思い返すだけで寒気がします。

今振り返ると、急激な勢いで直販部門を伸ばすのも考えものですね。

この状況を打破し、直販で1億円超えを達成するために、受注販売管理システムを自社で作ることにして、発送業務もミスを防ぐための改善と仕組み作りを続けました。

受注販売管理のITシステム導入

管理システムは思いきって自社で開発していきました。

受注販売業務でパンクしている頃、たまたま求人募集を見て入社してくれたのは、IT技術を持ったSEとプログラマーの2人でした。この2人が中心となって、メロンを中心に野菜の通販業務フローに合わせた受注・販売管理システムを4年かけて作りました。

これにより、注文用紙や宅配便の送り状控えなど、紙をベースにした受注管理をやめ、ペーパレス化に成功。すべての情報をシステムに入力することによって、お客様からの急な問い合わせにも「今、注文された商品はどの状態か？」がすぐにわかり、即答できるようになりました。

クレーム情報も共有できるので、誰が電話に出てもお客様の電話番号か会員番号を入力してお客様情報を呼び出せば、状況がすぐに把握できて対応できるようになりました。

代金未払いの方や詐欺の可能性のあるケースに対しては、自動的に警告が表示されるので、未収金が減り、詐欺による被害も減りました。

このように農家の野菜通販に合わせた受注販売管理システムを導入することで、大幅に省力化が進み、受注班の人員を大幅に増やすことなく直販部門を伸ばすことができました。

今では1シーズン正味7ヶ月間で約1万件のご注文をいただき、2万個の発送個数がありますが、なんとかさばききることができています。

現在は、この自社開発した受注販売管理システムの思想をベースに、ＩＴコーディネーターのアドバイスをいただきながら、システム開発会社へ販売管理システムの制作を依頼しています。これが完成したら、よりスムーズに安定した受注・販売管理業務ができると期待しています。

直販に取り組みはじめた時期なら、手書きの請求書、宅配便の送り状の管理で十分だと思います。次にエクセルなど表計算ソフトでお客様情報をまとめていき、１００件を超える注文がくるようになったら、市販の販売管理ソフトを導入しましょう。

そして数名体制での受注販売管理が必要になったら、ＩＴコーディネーターに相談したり、専門のＩＴシステム開発会社に開発をお願いしたらいいと思います。

直販は個々のお客様に対応しなければならないものですから、それを伸ばしていくには、農家であっても、ＩＴシステムへの投資が必要です。

箱詰め、発送業務で二重チェック体制を確立する

せっかく間違いなく納品書や請求書、宅配便送り状を作成したとしても、箱詰め・発送

の現場で商品を間違えたり、数量を間違えたりしては、やはりクレームとなってしまいます。

どこまで発送ミスを防げるか？　毎年改善を積み重ねていますが、やっと発送ミスが減ったと思ったら、翌年に直販の売上がグンと伸びると、また違う問題が起きたり……の繰り返しでした。

箱詰めミスでのクレームが、年間100個発送して2件なら、2件のクレーム対応ですみますが、1日に数百個、年に2万個も商品を発送してミス発生率が同じだと、400件もクレームの電話がくることになってしまいます。

電話は出荷シーズンに集中するので、毎日毎日、数十件のクレーム電話が入って怒られることになり、電話担当者は精神的に参ってしまいます。

せっかく、お客様の喜びや幸せに貢献するために農家の直販に取り組んでいるのに、これでは残念です。仕事に対するモチベーションも急激に下がります。

そこで「人はかならず間違える」を前提に、箱詰め・発送業務の流れを作りました。

基本的に2重チェック体制の確立を進めて、発送ミスの防止に取り組んでいます。

具体的には、「伝票・宅配便送り状作成」「箱に商品を詰めて梱包」「最終チェック・置き場に積むとき」の3回のタイミングで二重チェックしていきます。

まず、受注担当者Aさんが注文を受けて「伝票・宅配便送り状作成」ができたら、伝票チェック担当者のBさんに渡します。Bさんは、元になる注文用紙やFAX（すべてスキャンした画像データ）を見ながら、納品書・請求書・宅配便送り状をチェックします。住所・名前・電話番号、のし、時間指定、請求金額など、間違いがないかを調べるのです。この過程でけっこう間違いが見つかるもので、受注・発送間違いを減らす効果を実感しています。

次に、「箱に商品を詰めたとき」にも二重チェックです。

農産物を箱詰めする選果場で、宅配便送り状に書かれたとおりに箱詰めします。選果場でCさんが「箱に商品を詰めたとき」には、まだフタをしません。そのまま箱に梱包バンドをかける係であるDさんに流れていきます。Dさんは注文内容と箱詰めした内容に間違いがないかを確認。間違いなければフタをして梱包バンドをかけていきます。

最後は「最終チェック・置き場に積むとき」。このときにも二重チェックをします。

梱包バンドがかかってレールを流れてきた商品が、ＰＣでチェックするＥさんの元へ。Ｅさんは商品に貼ってある宅配便送り状のバーコードを、ＰＣにつながったバーコードリーダーを使って「ピッ」とスキャンします。するとＰＣのモニターに〝お客様の名前とお届け先、商品内容と個数〟が表示されます。その画面の表示内容とスキャンした商品が一致するかどうかをチェックして、ＯＫなら次へ商品を流していきます。

そして、最後の最後、置き場に積むとき。

トウモロコシの発送を例にとると、運送会社が商品を取りに来る場所に３枚のパレットが置いてあり、それぞれ「６本入り60サイズ置き場」「12本入り80サイズ置き場」「24本入り１００サイズ置き場」と決まっていて、ここで最後のＦさんが宅配便送り状に書かれている「商品名・数量」と「手に持っている商品箱サイズ」が合っているかどうかを確認しながら、指定のパレットに積んでいきます。

これで３回の二重チェック、６名の目で確認していることになります。これでも、最後のパレットに置くところで、「あっ、これ違う」と気がつき、冷や汗が流れることもあります。

さらには、慣れが生じ、チェックしている〝ふり〟にならないように心がけています。特に重要な部分、「箱に商品を詰めたCさん」と「箱にフタをして梱包バンドをかけるDさん」は、宅配便送り状の空欄に自分の名前をボールペンで記入しています。

これで責任感を持って取り組む意識づけができて、もし発送ミスが出てしまったらそのスタッフに注意を促します。

大切なポイントは、**ひとりで全部の作業をしないこと**。ひとりで発送業務をやってしまうと最後まで間違いに気づかず、そのまま発送されてしまいます。面倒でも工程ごとに人を配置して、ＰＣスキャンによるチェックや、置き場に積む仕事は他の人がチェックしながら行なうようにしています。箱詰め～発送まで複数人が関わることで、発送ミスを極限まで減らしていくのです。

このような二重チェック体制を構築したことによって、大幅に発送ミスが減りました。電話担当者もビクビクすることなく、安心して電話に出られるようになりました。

直販で一番気持ちが萎えてしまうのが、お客様からのクレームです。当農園ではハッピーコールと呼んで前向きに取り組んでいますが、発送する商品が間違っていてはお客様も気分を害しますし、迷惑をかけてしまうので、ミスはないほうがいいに決まっています。

受け付け〜箱詰め〜発送作業から発生するクレームゼロへの挑戦は、これからも続けていきます。

6章

社員・スタッフが
いきいきと活躍する農園作り

社長の仕事はいろいろありますが、私の場合は、この4つです。

①情報発信
②ビジョンを示す
③社員・スタッフをほめて認める
④最後に責任をとる

社長が一番情熱を持って仕事に取り組まなければならないのは当然ですが、責任の境界線を明確にせずに、社員やパートさんの仕事を取ってしまってはいけません。現場の仕事に入るときは、あくまでも**応援、手伝い（支援）の姿勢**で、担当者を尊重します。

社員を信じて仕事を任せることで、本人は主体性を持って仕事に取り組むことができて、〝仕事のやりがい〟を感じることができます。仕事が〝やらされごと〟ではなく、〝自分ごと〟になるのです。

この章では、社員・スタッフがいきいきと活躍できる農園（職場）になるように取り組んでいることを説明していきます。

社長の役割は「この指とーまれっ！」

社長は**夢に生きる**ことが大切だと思っています。

将来、どんな農業のカタチになっていたらおもしろいか？　ワクワクするのか？　を思い描き、日頃から社員・スタッフに語り伝えています。

そうすると、社長（農園）の想いや夢に共感する人が集まり、実現に向けて一緒に働いてくれるので、大きな力となり、実現スピードが一気に高まります。結果、本当に夢が叶う、というのを何度も経験してきました。


14年前の29歳のとき、直売所と直販をはじめて3年が経過した頃のことです。

メロンの生産規模は現在の三分の一くらいでした。それでも50mのビニールハウス17棟で約8000玉のメロンを育てていました。その頃はまだ直販の伸びがゆっくりで、収穫されたメロンはほとんど市場出荷していました。

そのとき、家族やスタッフに対して言っていたのは……

「今生産しているメロンを全部、自分で売り切ったらすごいよね！　きっと儲かるし、経営が安定する」

まさか！　というような夢を語っていました。

夢と言っても、自分の脳内では理想の未来（ビジョン）を描ききっているので、「どうやったら全部自分で直販することができるのか？」と常にアンテナが立っている状態です。

実現のために必要な本を読んで知識を身につけたり、マーケティングコンサルタントから指導を受けたりと、挑戦を続けていくと、3年ほどで本当に実現し、育てたメロンをすべて自分で売りきれるようになりました。

この夢が叶った頃は、メロンだけでなく、大豆、人参、トウモロコシなども栽培していましたが、次のようなビジョンを描いていました。

「メロン以外の作物をやめて、全面積3・5ヘクタールにメロンのビニールハウスを建ててメロンを育てる。生産される3万玉のメロンをすべて直販で売りきったら、きっと北海道でもトップクラスの農家になれる！」

えー、絶対無理だよ。死んじゃうよ……。そんな感じの夢（妄想）でしたが、実際は8年ほどで実現して年商1億円を超えたのは、先に説明したとおりです。

思い続けて、言い続けていると、実現に必要なコンサルタント、農場スタッフ、販売管理スタッフ、中古のビニールハウス鉄骨資材、銀行からの融資など、どんどん実現に向けて必要なことが引き寄せられてくるのです。

そうしたチャンスが来るたびに、どうなるかわからない未来に向かって、勇気を振り絞り一歩踏み出す。それを繰り返していった感覚です。

当時、「さすがに絶対無理だろう」と思いながらも、「こうなったらおもしろいな」という夢が次々と実現してしまいました。

「思考は現実化する」「夢しか叶わない」「夢しか実現しない」と言われているのは、本当です！

この仕組みに気がつくと、農業が、そして人生がぐっとおもしろくなってきます。

農業にも必要な「経営理念」

農業者としての最高の幸せってなんでしょうか？

もちろん、安定して売上をあげて収入を確保し、家族みんなが安心して過ごせるというのが理想です。私もそうです。ずーっとその状況をめざしてきました。

それが、直販をするようになって、しかもダイレクト・マーケティングを勉強して実践し、売上が伸びていくにしたがって私の考えは変わってきました。

自分が育てたメロンをお客様に食べてもらって「おいしい！」って言ってもらえたとき。喜んでいる笑顔を見ることができたとき。

「おいしかった」という感想はがきが届いたとき。

「農業やっててよかったな」と、とても幸せな気分になれるんです。

農産物の生産は難しいですし、自然相手なのでとても苦労することもあります。だからこそ、食べた人からのうれしいフィードバックで、私の脳内からドーパミンが大量放出！

これはもう快感です。

委託販売や卸売りではなかなか味わえない、農業者としての喜び。

もちろん、「イマイチだった」などのクレームもあって、思いっきりへコむこともあるのですが、それを補って余りある充足感に包まれます。役に立っている感覚が持てる、人に喜んでもらえた分だけ売上になる、農家の直販は幸せな仕事です。

この〝利他の精神〟をベースに、「理念」をしっかり持つことが大切です。

なぜ、その作物を作っているのか？
なぜ、直販をしているのか？
なぜ、農業をしているのか？

この質問にしっかりと答えられる理念を持つと、お客様と従業員に〝伝えること〟ができます。伝えると、伝わる。当たり前のことですが、理念がないと伝えることができません。「儲けるために売っているんだ」と思われても仕方ありません。

もちろん、儲けることはとても大切です。でも理想は、先に理念があって、それを成し遂げる手段として農産物を育てて販売する。その結果、お客様に感謝され、感謝の形が売上となり、利益が出て存続できる。このサイクルを回すのが経営者の責務です。

そして、理念をお客様だけでなく、家族・社員・パート従業員にまでしっかりと伝え、想いを浸透させていくのも経営者の大切な仕事です。

寺坂農園では、経営理念を決めるにあたって外部からコンサルタントに入ってもらって、社員全員で決めました。

一、甘くておいしいメロンを作り続ける。
二、おいしい野菜生産に取り組み続ける。
三、北海道・富良野のメロン・野菜を、寺坂農園から自信を持って全国へお届けする。
四、富良野地域のより一層の農業経済発展に協力・貢献していく。
五、メロン・野菜を食べた人に「おいしい！」と喜んでもらう。

2日間、全員で**「寺坂農園の仕事は何だろう？」**と話し合い、仕事に対するお互いの気持ちを確認しながら、全員の合意で決めた理念です。

特に、わかりやすさを重視しました。きれいな言葉だけを並べずに、農業に携わる者として素直な気持ち理念に込めました。

理念を決めると、農業経営から販売までの取り組みが一貫するようになって、ブレなくなります。いろんなことを考えすぎて、すぐにブレてしまう弱い私には、特に必要な判断軸となりました。

いろんな問題が起きたり、新規取引のお話がきて経営判断をしなければならないときは、必ず理念に基づいて判断するので、農業をしている目的に向かって決断ができます。

それだけではありません。農業の生産現場で判断に迷ったとき、チラシやパンフレット作り、直売所の運営、お客様への対応、5年後、10年後のビジョンを描いて経営判断するときなど……すべて理念に基づいて決定することで、判断軸が定まります。ブレがなくなり、めざす農業経営のあり方が明確になってきます。いいことだらけですね！

ぜひ、理念を決めて、掲げることをお勧めします。これからは農業も理念経営です。

理念が決まったら、目的と目標設定

理念を遂行するために、部門ごとに目的を決めます。そして最後にその目的を成し遂げるために必要な目標設定をします。

メロン生産部門だったら……

目的：「お客様が『おいしい！』と感動するおいしいメロンを育てる」

目標：「糖度15度以上、重さ１・６～２・５kgのメロンを、歩留まり80％以上で生産する。年間生産量は３０００玉以上」

となります。この目標を達成するためにできることは無限にありますが、優先順位を決めて取り組んでいきます。

直販部門の受付・発送業務なら……

目的：「受付・発送業務でお客様からのご注文通りに富良野の野菜・メロンをお届けする」

目標：「年間１万件、発送個数２万個の受付・発送業務で、人的ミスによるクレーム発生を○件にする。データ入力、伝票制作の遅れをなくし、お客様の問い合わせに即時に答えられる体制を作る」

となってきます。

こうして部門ごとに、会社が求める目的・目標を社員・パートのスタッフに説明し、達成に向けて仕事を進めていきます。もちろん、勤務評価もこの目標達成が評価基準の一部になります。

どうすれば評価されるのかが明確になっていますので、社員やスタッフは、目的意識を持って、目標をめざして仕事に取り組んでいけるのです。

経営面の目的・目標はこうなります。

目的：「理念を遂行するために、永続的に農業を続けられる経営体制作り。そして会社を支える社員・パートスタッフの物心両面の幸福を追求する」

目標：「売上が〇〇〇万円。給与・賞与支払額は〇〇〇万円。翌年の経営資金となる経常利益〇〇〇万円をめざす」

事業計画書にこの数字を落とし込み、実現可能かどうかをよく検討します。事業計画書が完成したら、その数字を元に毎月の資金繰り計算表を作成し、運転資金で融資を受ける必要額を算出したり、経営の中でのお金の流れを見ていきます。

このように、すべてを経営理念を元にします。

なぜ、農業をしているのか？　なぜ、この仕事をしていくのか？

仕事の意味にしっかり向き合い、目的を確認し、設定した目標をめざしてみんなで日々の仕事を積み重ねていきます。

目的、目標を達成した喜びは大きいものですし、それと同時に、社員・パートスタッフも組織自体も成長していきます。組織として力がついたところで、また次のステージに向かって挑戦できるのです。

人材不足の時代でも「人が集まる理由」

全国的に、若い人を中心に人材が不足しているようです。北海道の富良野地域でも「働き手がいない」と、人材不足が深刻です。

特にこの地域は農業が産業の柱であり、観光地でもあります。冬は雪に閉ざされて経済活動は停滞しますが、春~秋にかけては農作業も農業関連企業も大忙し。ラベンダー畑や自然散策を中心とした観光客も大勢訪れるので、働き手不足は深刻です。

地元の農協が派遣してくれる農作業ヘルパーさんも、全国から募集しているのですが集まらず、そのため時給を大幅にアップするという対策をとっていますが、それでも解決になっていないようです。

「求人票はハローワークに出しているけれど、問い合わせすらまったくこない」、そういった中小企業さんの声も聞きます。

寺坂農園では春～秋にかけて、20数名ほど、季節雇用のパートさんを募集しています。メロン栽培は機械化ができないので人手が必要。さらに、すべて直販しているので受注・販売・発送業務にも人手がかかるからです。

年々、人が集まりづらくなっていると聞きますが、寺坂農園では応募してくれる人が多いので助かっています。いまだ「人が集まらなくて困った」ということはありません。

では、どのように求人募集をしているのかを説明します。

当農園でも、ハローワークに求人票を出したり、農業専門求人サイトに載せたり、今、働いているスタッフに知人を紹介してもらったりといったことは普通にしています。でも、それだけでは人が集まらないと感じています。

当農園の求人に応募してきた方との面接のとき、

「どうして寺坂農園に応募しようと思ったのですか？」

という質問をかならずしします。すると全員が、

「求人を知って、ホームページとブログ、そしてフェイスブックを見させていただきました。それで『○○○そうだなぁ』と思って応募してみました」

と言います（「○○○」の部分には「勉強になりそう」「楽しそう」「メロン作りを学べると思った」「みんないい人そう」といった言葉が入ります）。

全員が、です！　これには驚きです。

求人を知った理由は、ハローワークや求人サイト、紹介や検索でホームページを見たから、などさまざまですが、全員が全員、しっかりとホームページ、ブログ、フェイスブックを見て「寺坂農園って、どんなところだろう？」と、調べてから面接に来ているのです。

当農園が毎日、情報発信をしているのは前にも書いたとおりで、これは販売促進とお客様とのコミュニケーションを目的にしたものですが、求人募集にも絶大な効果があったのです。

意外な副産物でした。人材不足になると生産もままならず、事業を縮小せざるを得なく

なるので深刻な問題です。それがネットで毎日、情報発信することによって、解決につながるとは思っていませんでした。

そしてもうひとつ、最近感じるのは、求人募集を見て面接を申し込んできた方を、**私たちが「面接している」のではなく、会社側が「面接されている」**ということ。今や人材は売り手市場です。ここ数年で〝面接する側〟から〝される側〟に変わったな、と感じています。

どんな農園（会社）で、どんな仕事で、どんな上司なのか？　面接に来られた方は、しっかりと見定めようとしています。

仕事は人生の中で大きな部分を占めています。ましてや、本土から1シーズンだけ住み込みで働きに来る場合などは、働き先を選ぶのも慎重になって当然です。

「どんな農園なんだろう？」という〝わからない不安〟を、日々のブログやフェイスブックの記事から感じとり、知って安心するようですね。

そこには、テレビに出たことや新聞に載ったこと、お客様の声や仕事の様子、スタッフの様子など多くの記事がアップされているので、社風や社長の考え方がわかります。その上で「寺坂農園に問い合わせしてみよう」「面接を受けてみよう」と気持ちにスイッチが入り、応募に至るようです。

もし自分が仕事を探している立場なら、かならずスマホやパソコンでその会社のホームページやブログを見るでしょう。失敗（損）をしたくないからです。そこで、人気が感じられない会社案内的なホームページだったり、ブログの更新が1年前で止まっていたりしたら、その会社をそれ以上知ることができません。不安が増すことはあっても、興味が増すことはないはずです。

「知らない」「わからない」状態なら、不安を感じて当然です。たくさんの情報が発信されているホームページやブログ、フェイスブックはその不安を取り除き、知れば知るほど安心感が増していくのです。

基本は理念をしっかり持ち、理念に沿った仕事について、記事投稿を続けて伝えていくことが大切です。それがお客様だけでなく、仕事を探している人にも伝わるのですから、いいことずくめです。

インターネットを通じて、社長としてどんな想いで仕事をしているか？　どんな仕事をしているか？　どんな出来事があってどう感じたか？　をどんどん投稿していくと、興味を持った求職者の目にもとまり、「この会社で働いてみたい！」という応募が増えてくるでしょう。

「社長の器」がそのまま「事業規模」になる

社長以上の人材は集まらない。私はそう思っています。

あなたは尊敬できない上司、嫌な上司の下で働きたいでしょうか？

私は嫌です。

せっかくの人生。尊敬できる上司のもとで、自分の能力を精いっぱい発揮して活躍したい、あなたもそう思うはずです。だから、社長以上の人材は集まらない。

社長は常に人間的成長をめざし続けていないと、会社の成長もストップしてしまいます。

本を読んで勉強し続ける。講演やセミナーに参加して学び、刺激を受け続ける。新しいことに挑戦し続けるなど、私も自分自身を常に成長させようとしています。

「自分が正しい」と思った時点でアウト

「社員やスタッフにイラッときたとき」「腹が立つとき」「○○すべきだ！」と思ったとき。自分を理解し、成長するチャンスです。

「どうして○○なんだ！」と湧き上がる怒りの感情をそのまま相手にぶつけるのは、よくありません。農家の方の中にはスタッフを怒鳴る方がいますが、相手が嫌な気分になること間違いなしです。

それは、自分のルールで相手を裁く、断罪する行為だからです。

あなたは、他人のルールで裁かれたいですか？　嫌に決まっていますよね。人間関係でトラブルが起きるのは、他人の心にズカズカと土足で踏み込んで、自分勝手なルールで批判する場合です。

心の境界線を乗り越えて相手を尊重せず、〝自分が正しいと思い込んだルール〟で相手を批判する。これを続けていくと、人間関係は確実に崩壊します。経営者と従業員との関係で言うと、「やってられないや」と嫌気がさし、優秀な人からやめていくでしょう。

〝正しい〟は人を傷つけるのです。

対立したり、論破してしまうといい結果に結びつきません。夫婦間もそうです。家族は運命共同体。そして社員は〝同志〟です。よく理解し合って同じ方向に向かって進んでいきたい仲間です。自分のルールで〝べき論〟を振りかざして相手を裁く行為は、自分の心は守れても、相手を傷つけてしまいます。

自分の心の中から「自分が正しい！」という声が聞こえてきたら、それがいいヒントになります。そのルールを手放すことによって、相手を受け入れることができるようになるからです。

組織を運営していくにあたって最低限のルールは必要です。しかし、必要以上に自分の中に〝〇〇べきだ〟がたくさんあるほど、自分自身を縛りつけることになります。その状態のまま、生産量や直販が増えるにしたがって、いろんな人と関わり、多様な人の価値観に触れることになるので、相手を受け入れることができず、イラッとするばかりで、苦しくなってきます。

私もかつてそうでしたが、完璧主義的な傾向のある方は特に気をつけてください。

いつも遅刻する社員がいました。

人間的に未熟な私は、その社員にイラッとしていました。なぜイラッとするのか？　それは私の中に「遅刻してはいけない！」というルールがあり、それを大切に守っているからです。しかし、目の前の社員は平気でそのルールを破る。だから怒りを感じるのです。他人を変えることはできません。自分が変わるしか方法はありません。

遅刻は困りますが、その社員には遅刻を補って余りある能力と、会社に対する貢献がありました。

怒ったり叱ったりせずに、本人からじっくりと話を聞きました。

「どうして遅刻してしまうのか？　これからどうしたいのか？」。聞いてみると、悩みがあって寝られなかったり、偏頭痛がひどかったりと、やはり理由があるわけです。しっかり話を聞いた上で、会社としてどんな支援ができるかを考え、「なぜ定時に出社してほしいのか」、こちらの気持ちを伝えると、徐々に遅刻はなくなりました。

上司である私自身も、自分の気持ちを伝えて理解してもらったので怒りは消え、心もスッキリしました。

「君、社員だろ。ちゃんと遅刻しないように努力しろ！」と頭ごなしに言ったら、とっくに辞めていたかもしれません。

もう一例あげます。社員・パートさんが、来園されるお客さんに対してきちんとした「挨拶」ができなくて、私は悩んでいました。

朝礼で「挨拶しましょう」と言っても、しっかりと挨拶する人は一部で、気づかぬふりをして通り過ぎる人ばかりでした。もう、挨拶に関しては小学生以下のレベルです……。

このことに私はイラッとくるわけです。「元気に明るく挨拶しなければならない」という〝正しいルール〟を自分の心の中に持っているからです。

もちろん、「なんで挨拶しないんだ！」と怒ったところで、関係が悪くなるだけで、挨拶が増えるとは思えません。上司という立場を使って人をコントロールしようとするのは、よくありません。自分が変わるしかないのですから。

「うーん、あ、そうか。『なぜ、挨拶が大切なのか』をしっかり伝えていない自分が悪いんだ」と、気持ちを切り替え、「なぜ、挨拶が大切なのか？」をネットで調べ、自分の想いも織りまぜて、数日間、伝え続けました。

そして、自分と専務（妻）が率先して元気で明るい挨拶をし続けました。自らが模範となり実践したのです。すると……1ヶ月も経たないうちに、お客様に対してみんな元気に挨拶するようになったのです！

「いやぁ～、寺坂農園ってステキですね。みんな気持ちよく挨拶してくれる」

お客様からたびたびそう言ってもらえるようになって、うれしかったです。そのことも朝礼で従業員にフィードバックして、ちゃんと挨拶してくれることに感謝の気持ちを伝えました。

まだ全員が完璧というところまでいっていませんが、このケースからも社長がしっかり想いを伝え続けることが大切なんだな、と学びました。

社員やパートさんを怒鳴ったり、怒ったりしてはいけません。その時点で事業の成長がストップすると言っても過言ではありません。優秀な人材からどんどん辞めていきます。

イラッときたら、よい信号。そこに自分が変わり、成長するヒントが隠れています。自分の本当の心を、相手（従業員）が映し出しているのです。

「自分が正しい！」という気持ちが湧いたときは、そこから自分の気持ちの理解を深めて、相手をもっと理解していきましょう。そして社員・パートさんにしっかり想いを伝えて、会社をどんどんよくしていきましょう。

働く喜びってどこからくるのか？

私は常に従業員を見張っています。

それは、サボっていないか？　ちゃんとやっているか？　と〝監視〟しているのではありません。

働いている社員・パートさんの様子を見て、どこか褒められるところはないか？　認められる（承認できる）ところはないか？　と常に見ているのです。

いい仕事をしていたら「仕事が丁寧だね」。

仕事が手際よく早かったら「仕事が早いね。助かるよ」。

いい結果を出した人には「よかったね。ありがとう」。

業務改善を実行し、結果を出した人には「すごいね！　これはうれしい！」。

褒めて認めることが、上司として大切な仕事だと思っています。

有名な「マズローの欲求5段階説」でも言われているとおり、人には「承認欲求」があります。他の人から認められたい、尊敬されたいという想いです。私もそのひとりです。

ですので、働いている従業員をよーく観察して「おっ、よくやってるな」と思ったら、すかさず声をかけるようにしています。

また当農園では、年に一度の勤務評価に、上司のみならず同僚からも評価される、360度評価を取り入れています。面談では、その人の働きぶりを認め、感謝の気持ちを伝えるように心がけています。

「ありがとう。〇〇さんのおかげで、当農園の〇〇がうまくいっています」

「ありがとう」という言葉・気持ちを伝え続ける、そんな社長でありたいです。

徹底して、「信じて」、「任せて」、うまくいったら「承認する」。

常に心がけていたいことです。

目標は、社長である私の携帯が鳴らないこと。今では仕事の連絡はほとんどこなくなりました。ほとんど現場の社員に任せているので、仕事にまつわる電話連絡は担当の社員にいきます。いちいち社長がすべてを把握して決定していては、私のキャパシティが会社のキャパシティになってしまい、成長の限界点がきてしまいます。組織の力が会社の力になるように農業経営をしていきたいのです。

専務である妻が生産現場など会社の内側を仕切り、現場の担当の上司が判断して決定し、どんどん業務を進めてもらっています。

困ったときには相談にのりますし、忙しいときは「手伝う・支援する」というスタンスで作業現場に入りますが、あくまでも現場の社員が主体となって仕事に取り組んでもらっています。

私も弱い人間で、任せた社員が「失敗しないだろうか」と不安に襲われることもあります。特に、メロン栽培にはずっと取り組んできたので、手放すのは不安でした。でも、そこはぐっと我慢。信じて任せます。

もし社員・スタッフが失敗してもＯＫ。「どうして○○したんだ！」と責めたりしては、絶対にいけません。

社員・パートさんを含めた従業員の失敗は社長の失敗であり、責任です。「教え方が悪かった」「勉強になったね」「これぐらいですんでよかった」と、率直に受け止め、その失敗を繰り返さないよう、現場と一緒に社長も考えて、再発防止・業務改善につなげていきます。

社長である自分がやったとしても、人間なのだから、かならず失敗はあります。

失敗自体は残念なことですが、失敗した痛みが人を成長させます。失敗から一番学ぶことができるのです。

「二度と繰り返さないように」「どうやったらもっとよくなるか？」。失敗をきっかけに一緒に考えて、その人材と会社組織、全体の成長につなげていきます。

一人ひとりの能力を発揮できる職場づくり

「適材適所」をいつも考えています。

笑顔が素敵でコミュニケーション能力の高い人は直売所が向いていますし、パソコンが好きな人はパソコンに向かって受発注業務を黙々とこなします。身体を動かすのが好きな人は農園作業が向いていますし、細かい作業をずっと続けるのが好きな人には、メロンの整枝作業を担当してもらっています。

いつも朝礼で「職場は、人間的・職業人としての成長の場である」と伝えています。自分がいろんな仕事ができるようになる。すると、人に役立つことができる。相手に喜んでもらえたら、純粋にうれしいですよね。それが「働く喜び」だと思うのです。

失敗や困難を乗り越えて、物事をなし遂げ、成長し、認められて感謝される——脳内から快楽物質ドーパミンが放出される瞬間ですね。ゲームとそっくりです。

100％勝てるゲームって、おもしろくないですよね。難しいゲーム……たとえばゴルフ、麻雀、RPGにしても、ある程度難しく、困難だからこそおもしろい。なんとか乗り越えて達成（勝利）したときに快感が得られるのです。

ちなみに、「農家の直販」はハードルが非常に高く、困難なので、成し遂げた達成感や喜びは抜群です！

その喜び、快感を社員に味わってほしい、というのが私の想いです。それを「成功の果実」と言うのなら、「成功の果実」を社員にもぎ取って噛み締めてほしいのです。

なので、社員を信頼して仕事を任せます。社員が「ここの仕事はおもしろい」と言ってくれたら、その職場環境作りは成功です。社長冥利に尽きる瞬間です。

逆にこうも伝えています。「この職場がおもしろくなくてつらいなら、辞めたほうがいい」。

人不足の時勢なので、とても言いづらいのですが、これはしっかりと伝えます。

人は幸せになるために生きています。もし合わなかったり、つらいと感じる職場だった場合には、別れたほうがお互いのためです。

社員・パートの従業員が自分の能力を発揮して、人に役立てる職場。そんな農園になれたらといつも思っています。自分の命を輝かせる場所、と言ってもいいかもしれません。自分らしさを発揮して、多くの人に喜ばれると、純粋にうれしい。自己効力感を感じられます。同時に自己重要感も満たされます。

「自分は価値のある大切な存在なんだ」

そう感じられる職場環境を作ることが、社長の仕事です。

寺坂農園は、働く人みんなの力が発揮され、組織の力で大きな仕事をやり遂げられるようになり、たくさんのメロンを育て、全国にお届けすることができて、たくさんのお客様に支持されて、年商1億円を超える直販農家になることができました。

その間、つらいこと、悲しいこと、苦しいことがたくさんありましたが、今ではすべて肥やしになっています。失敗は経験であって、そこから学び、成長し続けることができました。

「成功の果実」は、社長や経営者だけでなく、農園を支えてくれている従業員と一緒に、しっかりともぎ取って、味わいましょう。

一緒に働いてくれる同志に、感謝の気持ちを込めて。

著者略歴

寺坂祐一（てらさか ゆういち）

寺坂農園株式会社代表取締役

18歳のとき、売上600万円、借金1400万円という“超赤字農家”の跡を継ぐ。がんばっても借金が増えるだけで所得が増えない将来に絶望し、20代前半はうつ状態のときも。就農後に新しくはじめたメロン栽培の規模をコツコツと拡大し、ようやく売上1200万円に。26歳で結婚し、農業に意欲を燃やすが、メロンの価格暴落がはじまる。勇気を振り絞り、周囲の反対を押し切って国道沿いにメロン直売所をオープン。お客様へ直接販売をはじめる。31歳のとき、偶然、コンビニで手に取った本を通じてダイレクト・マーケティングを知る。世の中には仕組みがあり、戦略があることを知り、衝撃を受ける。のめり込むようにダイレクト・マーケティングを研究し、農業との融合を実践。ここから一気に業績が急上昇。8年で売上4倍の、農業経営としては高いハードル年商1億円を突破する。面積規模は地域でも最小クラス。北海道でも一番小さな寺坂農園が、ダイレクト・マーケティングを駆使することで圧倒的な売上をあげ続けている。

北海道での農家のインターネット販売ではトップクラス。ダイレクト・メールを郵送する会員数は2万人を超え、生産されたメロンは直販ですべて売り切れる。運営するfacebookページは47,000件の「いいね！」を獲得しており、国内農業カテゴリで日本一多くのファンに支持されている。現在、講演活動にも精力的に取り組んでいる。

寺坂農園　facebookページ　「感動野菜産直農家」で検索！

直販・通販で稼ぐ！ 年商1億円農家
——お客様と直接つながる最強の農業経営

平成27年9月28日　初版発行
令和 3 年3月 5 日　14刷発行

著　者 —— 寺坂祐一

発行者 —— 中島治久

発行所 —— 同文舘出版株式会社

東京都千代田区神田神保町1-41　〒101-0051
電話　営業03（3294）1801　編集03（3294）1802
振替00100-8-42935
http://www.dobunkan.co.jp/

ISBN978-4-495-53211-6
印刷／製本：三美印刷
Printed in Japan 2015